CAD/CAM
模具设计与制造
实用教程

李 霞 主 编

刘淑梅 罗治平 副主编

化学工业出版社

·北京·

图书在版编目(CIP)数据

CAD/CAM 模具设计与制造实用教程 / 李霞主编. —北京：化学工业出版社，2009.7
ISBN 978-7-122-05727-3

Ⅰ. C… Ⅱ. 李… Ⅲ. ①模具-计算机辅助设计-教材
②模具-计算机辅助制造-教材 Ⅳ. TG76-39

中国版本图书馆 CIP 数据核字（2009）第 083315 号

责任编辑：刘丽宏   文字编辑：王 洋
责任校对：战河红   装帧设计：杨 北

出版发行：化学工业出版社（北京市东城区青年湖南街 13 号 邮政编码 100011）
印 装：三河市延风印装厂
787mm×1092mm 1/16 印张 10 字数 263 千字 2009 年 8 月北京第 1 版第 1 次印刷

购书咨询：010-64518888（传真：010-64519686） 售后服务：010-64518899
网 址：http:// www.cip.com.cn
凡购买本书，如有缺损质量问题，本社销售中心负责调换。

定 价：28.00 元

  CAD/CAM 技术自诞生以来，不断取得突破性进展，在汽车、船舶、电子、航空航天、纺织、建筑等行业发挥着重要的作用，被视为 20 世纪最杰出的工程成就之一。学习和使用 CAD/CAM 技术成为各高等工科院校学生和工程技术人员的一项基本要求。

  本书根据计算机辅助设计和制造原理的特点，结合课程教学团队多年的教学经验和应用实践编写而成。全书内容分为 CAD/CAM 基础原理和模具设计与制造应用实例两大部分。为使读者能够更好地掌握制造业中的设计、分析等方面的知识，本书以清晰、简明的方式介绍了 CAD/CAM 基础知识，并通过实例介绍了其基本原理的应用点，使读者能够通过学习演练分析涉及的基本概念。模具设计与制造应用实例部分安排了 CAD/CAM 模具应用的实训内容，这部分内容摒弃了单纯性地绘制零件模型而后装配的计算机"辅助绘图"模式，而是利用自上而下的设计方法，从原始零件开始，逐一设计模具三维模型，进而获得整套模具的计算机"辅助设计"思想，从而提高计算机设计能力。

  本书共 10 章，内容涉及 CAD/CAM 技术概论、图形变换原理及应用、图形技术基础、产品几何建模技术、参数化与特征建模技术、CAD/CAM 数据处理技术、计算机辅助制造技术等基础知识，同时以较大篇幅给出了模具系列化零件 CAD 设计、双耳止动垫圈级进模 CAD 设计、Mastercam X 模具加工等实例。通过本书的学习，读者能够掌握各种设计技术，并且对 CAD/CAM 的原理及其工程应用有更好的了解。

  本书第 1、6 章由上海工程技术大学刘淑梅负责编写，第 2、3、4、5、8、9 章由上海工程技术大学李霞负责编写，第 7、10 章由上海工程技术大学实训中心罗治平负责编写。全书由李霞统稿。此外，李磊、蒋慧箐、莫佳敏等参与了书中部分内容的编写，尤其是对书中图形的编辑作了大量工作。

  本书在编写过程中听取了相关工程师、教师、学生的意见和建议，这些意见和建议对本书的编写大有裨益。在此表示真诚的谢意。

  由于水平有限，书中不足之处难免，衷心希望得到读者指正。

编　者

上篇 CAD/CAM 基础原理

下篇 CAD/CAM 模具设计与制造应用实例

上篇 CAD/CAM 基础原理

第1章 概 论

1.1 CAD/CAM 基本概念

CAD/CAM 是计算机辅助设计/计算机辅助制造（computer aided design/computer aided manufacturing）的简称，作为专门术语出现于 20 世纪 70 年代。CAD/CAM 的出现意味着设计和制造过程已逐渐趋于自动化和信息的集成化。

（1）什么是 CAD 随着 CAD 技术的发展，CAD（computer aided design）的概念一直在变，在各个时期是不同的。最新的概念如下。

① CAD 是一个过程。在计算机环境下完成产品的设计、创造、分析、修改。

② CAD 是一项产品建模技术。将产品的物理模型转化为产品模型，存储在计算机内，供后续 CAX 共享，从而驱动产品生命周期的全过程。

CAD 是一种应用多学科的技术方法，以人机交互的方式综合，有效地进行问题求解的先进信息处理技术；是一种借助于相关的计算机系统软硬件，研究产品设计所涉及的问题描述、分析计算、设计优化、动画仿真和图形处理等内容的理论和工程技术方法。CAD 是一种综合技术和方法，其物化形式就是 CAD 系统。通常，CAD 系统由计算机图形工作站、相关的设计支撑软件、产品建模软件包（例如较流行的 Pro/E、UGNX、Solidworks、Topsolid 等大型 CAD 软件包）、有限元分析软件包、优化设计软件、其他设计支持工具集等的不同组合配置而成，为典型的人机系统。一般认为 CAD 系统的功能包括以下八项。

① 概念设计。
② 结构设计。
③ 装配设计。
④ 复杂曲面设计。
⑤ 工程图样绘制。
⑥ 工程分析。
⑦ 真实感及渲染。
⑧ 数据交换接口等。

CAD 技术的应用范围很广，机械制造是应用最早，也是应用最广泛的领域。其设计对象包括：机械、电气、电子、轻工、纺织产品，甚至延伸到艺术、电影、动画、广告和娱乐等领域，可产生巨大的经济及社会效益，有着广泛的应用前景。

（2）什么是 CAM CAM（computer aided manufacturing）有广义和狭义两种定义。广义 CAM 一般是指应用计算机进行制造信息处理的全过程（准备、制造、管理），包括工艺过程设计、工装设计、NC 自动编程、生产作业计划、生产控制、质量控制等。狭义 CAM 通常是指计算机辅助编制数控机床加工指令，即 NC 程序编制，包括刀具路径规划、刀位文件生成、刀位轨迹仿真及 NC 代码生成等。

通常，CAM 系统由计算机、车间层面的制造资源、数控编程软件、DNC 管理软件、制造执行系统软件等不同组合构成，其软件包括数据库、计算机辅助工艺过程设计、计算机辅助数控程序编制、计算机辅助工装设计、计算机辅助作业计划编制和计算机辅助质量控制等模块。CAM 系统也是一个典型的人机系统。

（3）什么是 CAPP　CAPP（computer aided process planning）是指在人和计算机组成的系统中，根据产品设计阶段给出的信息，人机交互地或自动地完成产品加工工艺设计，最终产生数字化工艺规程及其相关文档规范等的一项技术。CAPP 系统的功能主要包括：毛坯设计；选择加工方法；制定工艺路线；工序设计；刀具、夹具、量具设计等。

（4）什么是 CAD/CAM　CAD/CAM 是指产品从设计到制造全过程的信息集成和信息流自动化。采用计算机作为工具，进行数值与逻辑推理计算，以统一的产品模型为基本点，将 CAD 系统、CAPP 系统、CAM 系统集成为一个整体，包括数据集成、过程集成和应用集成，是一种将产品设计与制造一体化的技术。

CAD/CAM 技术的重要特征就是集成。CAD/CAM 系统为一个集成系统，辅助人们完成产品设计、信息处理、产品制造、质量控制等工作，它充分利用了计算机高效、准确的运算能力、图形生成及处理功能以及信息传输功能，克服了传统设计制造的许多缺陷。其工作主要过程如下。

① 产品方案设计。通过市场调研建立数据库，根据要求设计产品方案。

② 产品建模。利用 CAD 模块建立产品的二维、三维及装配模型。

③ CAE 分析。利用 CAE 模块对产品模型进行工程分析，显示分析计算结果，对产品设计方案进行修改、设计，并存入数据库。

④ 工艺方案设计。利用 CAPP 模块设计产品的生产工艺方案。

⑤ 数控加工。利用 CAM 模块设置加工参数，通过自动编程或手动编程编制加工指令，进行虚拟加工，并进行干涉检查，及时修复产品模型。通过信息传递，在数控机床上加工出产品。

⑥ 检验。对产品进行各项指标检验，直至产品达到各项设计要求。

（5）什么是 CAE　CAE（computer aided engineering）是指以现代计算力学为基础，以计算机仿真为手段，对产品进行工程分析并实现产品优化设计的技术。工程分析包括有限元分析、运动机构分析、应力计算、结构分析、电磁场分析等方法和内容。

在产品设计中，首先利用 CAD 技术进行产品设计、建立模型、模具设计等，但设计是否能够满足应用要求，需要进行工程分析、优化设计，并根据实际需要对模型进行修改，直至满足要求。CAE 是 CAD/CAM 进行集成的一个必不可少的组成部分。目前，在著名大型 CAD/CAM 系统中，CAE 均为重要的功能模块。

（6）什么是 CIM　CIM（computer integrated manufacturing）的定义是经历了较长时期的探讨，逐步演变而来，并逐渐趋于一致的，具体表述为：CIM 是信息技术和生产技术的综合应用，旨在提高大型企业的生产率和对市场的适应能力。因此，企业的所有功能、信息、组织管理都是一个集成起来的整体的各个部分。换句话说，CIM 利用计算机，通过信息集成实现现代化的生产制造，以求得企业的总体效益。

CIM 用全局的观点对待企业的全部生产经营活动，包括市场分析、产品设计、加工制造、管理及售后服务等方面。依据 CIM 的理念，企业的所有活动都应该以客户为中心，把市场需求、产品设计制造、制造资源计划、管理部门的相关信息实现集成，通过信息共享实现群体（team work）协同、并行作业。CIM 的核心技术是集成，包括物理集成、信息集成、功能集成，其中信息集成是基础和关键，共享的产品模型、统一的数据库和网络环境是实现信息集成的必要条件。

CIM 技术的物化形式即为 CIMS（computer integrated manufacturing system），也就是计算机集成制造系统。CIMS 由技术信息系统 TIS、制造自动化系统 MAS、管理信息系统 MIS 所组成，它是在 CAD/CAM 技术、网络、电子通信、数据库技术、车间自动化技术、现代化管理技术充分发展的基础上实现的，这将是未来工厂的模式。

1.2　CAD/CAM 系统的功能与特点

目前流行的大型 CAD/CAM 系统主要有：UGNX、Pro/E、Solidworks、Topsolid、AutoCAD、3Dmax 等，尽管它们有各自的特点和主要应用领域，但总的来说，其主要功能和显著特点可以总结如下。

（1）CAD/CAM 系统的功能

① 人机交互功能。人机交互实际上是一个输入输出的过程，用户通过人机界面向计算机输入指令，计算机经过处理后把输出结构呈现给用户。友好的人机界面是保证用户直接而有效地完成复杂任务的必要条件。目前 CAD/CAM 系统一般采用图形用户界面实现数据交互和图形交互。除软件界面外，还必须有交互设备，以实现人与计算机之间的通信。随着虚拟现实技术在产品设计制造中的应用，人机交互将产生根本的变化。

② 图形的生成及处理功能。图形的生成与处理是 CAD 的关键技术之一，目前许多商用软件均提供了直线、圆弧以及其他一些基本图形的生成、曲面和实体的描述、各种图形的处理（包括图形窗口管理、图形裁剪、图形变换）等功能。

③ 二维及三维建模功能。在 CAD/CAM 系统中，产品的二维及三维建模主要包括几何建模、特征建模、参数化建模、产品结构建模。几何模型主要描述产品的几何信息和拓扑信息；特征模型主要描述产品的几何形状信息和非几何形状信息；产品结构模型是面向装配的模型。目前常用的是混合建模方式，即使用两种或两种以上的建模方式进行建模，如参数化建模与非参数化建模相结合的混合建模系统。

④ 数控编程与虚拟制造功能。数控编程通过零件 CAD 模型获得数控加工程序的全过程，数控编程的一般步骤如下。

a. 分析零件图样和工艺处理。

b. 数学处理。

c. 编写零件加工程序单。

d. 植被控制介质。程序检验与首件试切。

数控编程的常用方法主要有两种：手工编程和自动编程。手工编程是指编制零件数控加工程序的各个步骤均由人工完成；自动编程则是利用计算机来完成数控加工程序的编制。按照操作方式的不同，自动编程方法分为 APT 语言编程和图像编程。

目前，流行的 CAM 系统主要有 Mastercam、SurfCAM 等。

虚拟制造（virtual manufacturing，VM）是为新产品及其制造系统开发的一种哲理和方法论，可以看成是 CAD/CAM/CAE 集成化发展的高一层次，其本质是以新产品及其制造系统的全局最优化为目标，对设计、制造、管理等生产过程进行统一建模。它强调在实际投入原材料与产品实现过程之前完成产品设计与制造过程的相关分析，以保证制造实施的可能性。

⑤ 数据处理、存储与传输功能。为了在同一 CAD/CAM 系统的不同功能模块之间、不同的 CAD/CAM 系统之间以及 CAD/CAM 系统与数控机床之间进行数据交换与传输，CAD/CAM 系统应具备良好的信息传输、管理和信息交互功能。在现有的商用 CAD/CAM 系统中，开发商们一般都提供了如 IGES、DXF、STEP、STL、CAD-I 等标准数据接口，同时也会提供一定的专门数据接口，如 Solidworks 软件除了提供 IGES、STL 等标准数据接口之

外，还提供了 sldprt 等专用数据接口。

CAD/CAM 系统生成和处理大量的产品设计、制造信息，具有数据量大、种类繁多的特点。这些数据包括静态标准数据及动态过程数据，例如：描述产品几何信息、拓扑信息的数据；属性语义数据；加工数据和生产控制数据等，其数据结构较为复杂，通常，CAD/CAM 系统采用工程数据库作为统一的数据环境，实现各种工程数据的管理与共享。

⑥ CAE 分析与优化设计功能。CAE 分析常用的方法主要有有限元法、有限体积法等。有限元法是一种数值近似求解方法，用于结构形状比较复杂的零件的静态、动态特性分析，如求解零件加工变形区的位移场、速度场、应力场、应变场、温度场等。

目前，应用较为广泛的大型 CAE 软件有 Moldflow、Modex-3D、Deform、Dynaform 等。

CAD/CAM 系统应具有优化设计的功能，即在某些条件的限制下，使产品或工程设计中的预定指标达到最优化，包括查询数据路径优化、产品结构优化、加工工艺方案优化和加工工艺参数设计优化等内容。

CAD 软件和 CAE 软件已实现无缝集成，在设计制造过程中，可以及时发现存在的问题并反复修改，直至达到最终目的。极大的提高了设计水平、效率和质量。

（2）CAD/CAM 系统的特点 CAD/CAM 技术与 CAPP、CAE 技术相结合，可实现产品设计、制造一体化，主要具有如下特点。

① 降低设计人员劳动强度，提高创新能力，减少失误。

② 提高设计制造效率，修改设计方便，缩短产品开发周期，提高对市场的反应能力。

③ 提高产品产品质量，实现优化设计，减少加工误差。

④ 有利于实现产品的标准化、通用化和系列化。

⑤ 增强市场竞争力和占有率，扩大产品影响，提高企业综合实力和效益。

1.3 CAD/CAM 系统的运行环境

CAD/CAM 系统是由一系列硬件和软件组成的计算机辅助系统，以计算机硬件为基础，以系统软件和支持软件为主体，以应用软件为核心，组成一个面向工程设计和制造问题的信息处理系统。根据系统功能要求不同，硬件和软件的配置可以有多种方案，规模也有大小之分。随着计算机软件、硬件技术的高速发展，CAD/CAM 系统在理论、技术、方法、体系结构和实施技术方面均在不断更新和向前发展。

CAD/CAM 系统作为一个复杂的信息处理系统，硬件为系统工作提供物质基础，而系统功能的实现由系统中的软件来完成。随着 CAD/CAM 系统功能的不断完善和提高，软件成本在整个 CAD/CAM 系统成本中所占比重越来越大。目前国外引进的一些高档软件，其价格已远远高于系统硬件的价格。

1.3.1 CAD/CAM 系统的硬件

CAD/CAM 系统的硬件由主机和外围设备组成，外围设备主要有：存储器、输入输出设备、图形显示器及网络通信设备。硬件的配置与一般的计算机系统有所不同，其主要差别在于要求较完善的人机交互设备及图形输入输出装置。

CAD/CAM 系统的硬件应主要具有计算、存储、输入输出、人机交互等基本功能。由于 CAD/CAM 系统的硬件是面向图形技术、可视化和多媒体技术的应用，而 CAD/CAM 系统的各类软件一般都需要几百兆及以上的存储和工作空间，因此需要有相当大的内外存容量，同时硬件还应具有良好的通信联网功能。

（1）主机 主机是控制及指挥整个 CAD/CAM 系统并执行实际算术和逻辑运算的装置，是计算机的主体，由中央处理器（CPU）、内存储器及连接主板组成，是计算机硬件的核心，是整个 CAD/CAM 系统的指挥和控制中心。主机的类型和性能在很大程度上决定了 CAD/CAM 系统的性能，如计算精度和速度等。

对主机工作性能的要求是：执行处理速度快、内存容量大。计算机的运行速度越来越快，存储容量越来越大，使得 CAD/CAM 系统的功能越来越强大。

① CPU。用于评价主机处理能力的指标主要有速度和字长两项。速度的评价指标常采用 MIPS 和 MFLOPS，MIPS 代表执行一百万条整数运算指令所用时间，MFLOPS 代表执行一百万条浮点数运算指令所用时间，MIPS 和 MFLOPS 值越大，表示处理速度越快；字长是指 CPU 在一个指令周期内存取并处理的二进制数据的位数，位数越多，表示一次处理的信息量越大，CPU 工作性能越好。目前，常见的计算机字长有 32 位、64 位、128 位等。

不同类型的 CPU 具有不同的结构体系和指令系统，即使是相同的运算指令，其运算能力也并不相同。所以，对不同结构的 CPU 来说，只以主机工作频率的高低进行对比是不正确的。

计算机结构有单个 CPU 和多个 CPU 之分，多处理器可以实现并行计算，提高运算速度。

CPU 的发展经历了早期的 Intel 8086、Intel 80286、Intel 80386、Intel 80486、Intel 80586，后来的 Pentium、Pentium MMX、Pentium Pro、Pentium Ⅱ、Pentium Ⅲ及目前的 Pentium Ⅳ、Intel Celeron、酷睿双核、AMD Duron、AMD Athlon 等高性能 CPU。

② 内存储器。内存储器用于 CPU 工作程序、指令和数据。根据存储信息的功能，内存储器分为读写存储器（RAM）、只读存储器（ROM）及高速缓存存储器（Cache）。

RAM 是 CPU 用于存取信息的随机存储器，可以不按顺序随意存取信息。但如果发生如断电等突发情况，在 RAM 中所存储的信息就会丢失。

ROM 主要用于存储启动引导程序和基本输入输出程序等，CPU 只能从中读取信息。这种存储器中的信息是事先固化好的，即使断电也不会丢失。

Cache 是在处理器或主板上分别加入的小容量高速存储器，是为了消除内存的存取速度与处理器的处理速度的不匹配现象而设置的。在运算处理时，CPU 首先在 Cache 中提取数据，提高了读写速度，克服了由于内存读写速度比处理器慢而在两者之间产生的"等待"现象。

目前，内存储技术已发展到同步内存 SDRAM、双倍数据速率技术 DDR、RAMBUS 等。DDR 在速度上有了更大提高，但 JEDEC 标准化组织制订的 DDR DIMM 规范与 SDRAM DIMM 不兼容。由于大型 CAD/CAM 系统的不断发展，其运行需要更大内存容量，一般要求内存容量应在 1GB 及以上。

（2）外存储器 要想将计算机处理的 CAD/CAM 信息永久性保存，必须采用辅助的外存储器。采用虚拟内存管理技术还可以将外存储器的部分存储空间扩大为逻辑工作内存容量。

① 硬盘存储器。硬盘存储器是计算机系统中最主要的外存储器，反映其工作质量的主要技术参数是硬盘存储容量、读写速度和传输数据的速度。硬盘通过控制器与 CPU 直接连接，对于不同的硬盘控制器及其接口，数据传输速度差别很大。在微机上常用的接口有以下三种类型。

a. IDE 接口。IDE（intelligent drive electronics）接口是微机常用的标准接口，既可以控制硬盘驱动器，也可以控制软盘驱动器。IDE 技术分为普通型 IDE 和增强型 EIDE（enhanced IDE）两种标准，后者在硬盘速度、容量等方面性能均有所增强。

b. SCSI 接口。SCSI（small computer system interface）是 1986 年推出的小型机的外部设备接口，是一种系统级的接口，可以同时接到配有 SCSI 接口的各种不同设备上，其数据传输速度比 IDE 接口快。SCSI 能减轻 CPU 的负担，提高高档计算机的灵活性。

c. SATA 接口。SATA（serial advanced technology attachment）是一种高速串行连接方式，比传统并行 ATA 更具优势。首先，SATA 接口采用点对点传输方法，速度快，第二、三代 SATA 接口速度达 300Mbps 和 600Mbps，远超过并行 ATA 接口；其次，具有热插拔功能，使用方便；再次，具有 CRC 错误校验功能，能检测 SATA 线缆两端的数据完整性；第四，可连接数量更多的硬盘，不受 Master/Slave 的限制；最后，接口及连接线缆针脚较少，易于连接和布线，成本较低。SATA 可应用于硬盘、光驱和 IDE 阵列等存储设备，并将逐渐取代传统并行 ATA 连接方式。

② 软盘、U 盘存储器。软盘存储器与硬盘存储器原理相同，结构不同，软盘存储速度相对较慢。

软盘存储器也由驱动器、控制器和软盘三部分组成。软盘不适于长期保存，目前基本上已被更方便的 U 盘所取代。

Flash Disk（俗称 U 盘、闪盘）是一种小容量移动存储器，存储容量现已达兆级。其内部使用比电子可擦只读存储器（EFPROM）写入速度快、写入电压低的 Flash ROM，一般使用 USB 接口，目前占主流的 USB 2.0 的传输速度可达 480Mbps，一些高级的 U 盘还支持安全加密、启动等功能。U 盘写入速度快、存储安全、携带方便，可取代软盘的作用。

③ 光盘存储器。光盘（optical disk）利用光学方式进行信息读写。根据性能和用途不同，光盘可分为三类：只读型光盘、只写一次型光盘和可擦写型光盘。可擦写型光盘的工作方式与硬盘相同。

光盘的特点是容量大（普通光盘容量在 650MB 以上，DVD 光盘容量可达数 GB）、可靠性高、信息存储成本低以及随机存取速度快等。

④ 磁带。磁带的数据存取原理与录音带基本相同。其规格统一、互换性好，与计算机连接较为方便，一般用于系统备份。磁带属于顺序存取存储器。目前多用在以 UNIX 操作系统为平台的 CAD/CAM 系统中，在一般的计算机 CAD/CAM 系统中较少使用。

（3）CAD/CAM 系统的输入输出设备

① 图形显示器。图形显示器是利用电子技术和计算机软件技术在显示屏上显示字符和图形，并能对字符、图形做实时加工处理的一种电子设备，是 CAD/CAM 系统必不可少的装置。其种类主要有标准的阴极射线管（CRT）、液晶显示器和光栅扫描显示器。

CRT 利用电磁场产生高速的、经过聚焦的、偏转到屏幕的不同位置的电子束轰击屏幕表面荧光材料而产生可见光。CRT 的技术指标主要有分辨率和显示速度。光点即为像素，是显示器所认可的最小图像单元，每个像素可以显示不同的灰度等级和色彩。像素越高，分辨率就越高，显示的图形就越精确。常见的 CRT 的分辨率有：1024×768、1280×1024 等。CRT 的显示速度取决于偏转系统的速度、CRT 矢量发生器的速度、计算机发送显示命令的速度等。24 位真彩色模式已达到 CRT 色彩显示能力的极限。

光栅扫描显示器可以控制电子束依次扫描整个屏幕，屏幕上每个像素的亮度和颜色都可以控制，因此光栅扫描显示器适宜输出彩色图形或具有明显暗度差别的真实图形。CAD 工作站和微型机的彩色显示器即属此类。目前，光栅扫描显示器可以显示 2^{16}，甚至 2^{32} 种颜色的"真彩"。

液晶显示器（LCD）是一种采用液晶控制透光度技术来实现色彩的显示器。它通过控制是否透光来控制亮和暗，当色彩不变时，液晶也保持不变，这样就无需考虑刷新率的问题。和 CRT 相比，LCD 的具有很多优点：画面稳定，无闪烁感，刷新率不高，但图像却非常稳定，可以通过液晶控制透光度的方法让底板整体发光，做到了真正的完全平面；数字 LCD 采用数字方式传输数据、显示图像，不会产生由于显卡而造成的色彩偏差或损失；LCD 完全没有辐射，即使长时间观看 LCD 屏幕也不会对眼睛造成很大伤害；LCD 体积小，重量轻，能耗低。目前，LCD 正向超大尺寸、宽屏幕方向发展，19in（1in=0.0254m）、22in 宽屏 LCD 是当今显示器的主流。

② 输入设备。CAD/CAM 系统的输入设备主要包括键盘、鼠标、数字化仪、光笔、扫描

仪和数码相机等。

键盘是最基本的输入设备，可用于输入字符、数字、坐标值等数据，也可以通过菜单进行功能选择。键盘上的键按功能可分为字符键、功能键和控制键。由于受人手指运动速度的限制，键盘不能满足 CAD/CAM 系统大量信息输入的需要。

鼠标是另一种基本的输入设备，可通过鼠标的点击、移动、拖放来实现某种预定的操作。鼠标的按钮常用的有双按钮和三按钮，目前，使用最普遍的鼠标是配有两个按钮和一个滚轮的光电式鼠标。在 CAD/CAM 系统中，鼠标是用于实现系统人机交互式操作的最主要的输入设备之一。

数字化仪是一种用途非常广泛的图形输入设备。根据数字化仪的尺寸大小，可以将其分为大型数字化仪和小型图形输入板，它们的工作原理相同。数字化仪由电磁感应图形板和定标器组成，在图形板内部安装有精密的电磁感应式定位栅格。当定标器接触台面或在台面上移动时，由于电磁感应作用，可以很精确地测得台面上定标器所处的位置信息并输入计算机，经计算机处理后可以在屏幕上找到相应的位置。数字化仪的性能指标主要有幅面、精度、分辨率、数据传输速率、数据输出格式和接口等。

普通的台式扫描仪可以扫描 A4 幅面的图纸和文件，大型扫描仪能扫描 A0 幅面的图纸。扫描仪可以快速将大量图纸输入计算机，与其他的录入方式相比，可以节省大量的人力和物力。

③ 输出设备。输出设备将计算机处理后的数据转换成某种用户所需要的形式，CAD/CAM 系统中的输出设备用于将计算机计算或处理的中间或最终结果以文字、图形、视频录像或语音等不同方式显现出来，实现计算机系统与用户的直接交流与沟通。输出设备主要有显示输出设备、打印输出设备、绘图输出设备、影像输出设备和语音输出设备等。

打印机是 CAD/CAM 系统中常用的一种硬拷贝输出设备，用于将计算机处理后的结果打印在纸上，以便使用。依据工作方式的不同，打印机可以分为撞击式和非撞击式两种。撞击式打印机可打印字符及分辨率较低的图形，打印速度慢、质量差，而且噪声大；非撞击式打印机主要有喷墨打印机、激光打印机和静电复印打印机等，打印速度快、质量高且无噪声，可用于打印各种字符、图表、图形和影像，但受幅面限制。

绘图仪是 CAD/CAM 系统中用于专业输出工程图纸的设备。依据工作原理的不同，绘图仪可以分为笔式绘图仪和非笔式绘图仪。笔式绘图仪从结构上又可以分为平板式和滚筒式两种。它们均以墨水笔作为绘图工具，通过计算机程序来控制笔和纸的相对运动，同时对图形的颜色、线型及绘图路径加以精确控制，最终绘成各种规格的工程图纸。在笔式绘图仪中，每一个电脉冲通过电动机驱动机构，使画笔移动的距离称为步距或脉冲当量，步距越小，画出的图形越精细。一般国产笔式绘图仪的步距为 0.1～0.00625mm，国外高质量的笔式绘图仪步距可达 0.001mm。

非笔式绘图仪主要有喷墨绘图仪、静电绘图仪、热敏绘图仪和激光绘图仪。静电绘图仪的绘图速度快、噪声小，但价格较高，并要求与之配套的计算机主机系统具有较高的配置。喷墨绘图仪的绘图质量较高，但喷枪和墨水等耗材的消耗量较大，成本较高，目前有一种相对降低了成本，图 1-1 示出的为 HP designjet 400 大幅面工程喷墨绘图仪。热敏绘图仪具有高质、高效绘制整块填充实心图案、阴影图和精细线条的能力，打印格式灵活、成像质量高、绘制速度快、成本低，但需要专门的热敏绘图纸。

图 1-1　工程喷墨绘图仪

1.3.2 CAD/CAM 系统的软件

根据执行任务和服务对象的不同，CAD/CAM 系统的软件可分为系统软件、支撑软件和应用软件三类。其中，系统软件直接与计算机硬件相关，面向所有用户，是公共性底层管理软件，主要作用是合理分配和使用计算机的各种软、硬件资源；支撑软件提供了 CAD/CAM 系统所需的各种具有通用性和基础性的功能，运行在系统软件之上，是 CAD/CAM 系统专业性应用软件的开发平台；应用软件则是根据用户具体要求，在支撑软件的基础上经二次开发的各种专业性较强、用户群固定的专用软件。

（1）系统软件 系统软件是指直接配合硬件，并对其他软件起支撑作用的软件，一般包括计算机操作系统、高级语言编译系统和网络管理系统等。它为用户提供了一个使用各种系统软、硬件的平台和界面。

操作系统是计算机运行工作的基础软件。目前，CAD/CAM 系统中主流操作系统主要有美国微软公司的 Microsoft DOS 磁盘操作系统、Microsoft Windows 98/2000/XP/VISTA 窗口操作系统，苹果公司的 Macintosh，Sun 公司的 Sun Solaris，HP 公司的 HP UX 和 IBM 公司的 IBM AIX 等各种版本的 Unix 操作系统。

Windows 操作系统的系列产品用户界面友好、性能稳定、价格适中、用户众多、应用软件资源丰富、支持即插即用的硬件设备，占据的市场份额较大，是目前微机级 CAD/CAM 系统的主流操作系统。近年来，随着网络技术的成熟和普及，计算机硬件性能的迅速提高，CAD/CAM 系统越来越多的向微机级转移。

Unix 操作系统最初由美国斯坦福大学的 AT&T 实验室开发而发展起来。目前，在使用大型机与小型机的银行、金融和通信等专业领域占有一席之地。

（2）支撑软件 支撑软件是为了满足 CAD/CAM 系统工作中用户的共同需要而开发的通用软件。它一般可分为集成型和单一功能型。集成型 CAD/CAM 系统的支撑软件提供了可集成的 CAD、CAM、CAE、数控加工、数据交换、数据库以及二次开发工具等多种模块，功能完备。由于计算机应用领域迅速扩大，CAD/CAM 支撑软件的开发和研制已取得很大进展，商品化的支撑软件层出不穷，主要有美国 PTC 公司的 Pro/E、德国 Siemens 公司的 UGNX、法国 Dassault System 公司的 CATIA 以及 Solidworks、Topsolid 等。

CAD/CAM 系统的支撑软件一般由以下六个部分组成。

① CAD 部分的功能模块。在这一部分中，主要由以下四个组成部分来完成零件建模、真实感图形显示和装配等功能。

a. 二维图形设计和绘图模块。实现图形绘制、文档编制以及二维、三维图形交互式处理等功能。可用人机交互的方式生成图形、编辑增删、缩放、平移、旋转、反射、错切、标注及拼装等。可自动将零件的三维模型转换成二维工程图。

b. 三维几何建模模块。利用各种技术进行建模，并计算几何体的体积、重心、惯性矩等物性，为产品设计、分析和数控编程等后续环节提供必要的信息。

c. 真实感图形显示模块。实现三维消隐处理，消除三维图形的多义性。通过纹理、色彩渲染、光源效应等操作，使设计出的物体更具真实感。

d. 装配模块。完成由零件到部件，再到产品的三维装配，可以进行干涉检查，建立产品结构的完整信息模型。

② CAM 部分的功能模块。主要有以下五个组成部分。

a. 数控加工的前置处理模块。将几何模型转换成工艺模型，如留加工余量、注塑凹凸模形状确定等。

b. 数控编程模块。生成刀位轨迹（CL）、确定刀具和工艺参数等，包括车、铣、钻、电火花等加工方法的数控编程。

c. 数控加工的后置处理模块。根据 CL 文件生成特定机床的数控加工程序。

d. 切削加工检验模块。利用仿真技术测试刀位轨迹,检测欠切或过切等现象。

e. DNC 模块。

③ CAE 部分的功能模块。包括以下两项。

a. 有限元分析模块。包括有限元前置处理模块、有限元分析的各种解算器、有限元分析结果的后置处理模块。

b. 机构动态和仿真模块。由机构装配结构、求各构件物性(如重心、质量、惯性矩等),设定运动规律参数、进行仿真计算并三维显示运动状态等模块组成。

④ 数据交换标准和接口。数据交换标准和接口较好地解决了不同 CAD/CAM 系统间数据交换的问题。目前国际上普遍采用 IGES、STEP、DXF 等标准作为不同 CAD/CAM 系统之间的数据转换接口和实现 CAD/CAM 系统集成的基础,同时还提供专用接口。

⑤ 用户编程工具。用户编辑工具使 CAD/CAM 支撑软件的二次开发功能得以实现,如 AutoCAD 系统内嵌的作为二次开发工具的 Autolisp、V-lisp 语言,UGNX 提供的 GRIP 等。

⑥ 数据库。数据库在 CAD/CAM 系统中具有十分重要的地位和作用,它能有效存储、管理和使用数据,实现系统的信息共享,对 CAD/CAM 系统的功能影响很大。

(3) 应用软件　应用软件是借助于特定的开发语言,针对用户的具体功能要求,面向固定的应用领域,为解决各种实际问题而开发的软件。在 CAD/CAM 支撑软件的基础上进行二次开发,形成专业应用软件是进一步深入推广 CAD/CAM 系统的关键。目前,在模具设计、机械零件设计、机械传动设计、建筑设计、服装设计、汽车设计和飞机设计等领域都有相应的商品化的 CAD/CAM 应用软件。

模具设计应用软件主要有注塑模具设计、分析领域的 ModelFlow、Modex-3D 等,Modex-3D 还应用于封装模具设计与分析;冷冲模具设计领域的软件等。这些软件一般都相当专业化,有的在特定行业的应用已十分普及和成熟。另外,一些大型 CAD/CAM 系统,如 UGNX、Pro/E 等也都具有模具设计、模具制造模块。

二次开发语言主要包括 C/C++、Lisp、Java、汇编、Basic、Pascal、Fortran 等。C 语言是 UNIX 系统中最基本的语言,基于 Windows 平台的很多软件都是采用 C/C++语言编写的,C/C++语言通用性好、功能强、使用灵活,已积累了较多的软件资源,是工程应用中的主流设计语言。Lisp 语言是 AutoCAD 软件内嵌的函数表处理语言。Java 语言广泛应用于 Web 项目管理与开发,已成为一种国际标准。

1.3.3　CAD/CAM 系统的配置形式

依据 CAD/CAM 技术 40 多年的发展历史,CAD/CAM 系统的配置形式大致分为三个重要的发展阶段:集中式配置形式、中期工程工作站和微机系统、近期的客户机/服务器配置形式。

(1) 集中式配置形式　由于早期的计算机非常昂贵,因此在 20 世纪 60~70 年代使用的 CAD/CAM 系统均采用集中式配置,即以大型通用计算机为主机,终端直接与主机连接,或通过远程分时终端与主机相连。终端没有 CPU,没有计算、处理功能,置于设计人员身边,通过主机来完成分析计算、图形处理、科学管理和数据处理等工作。这种配置形式的优点是系统本身的通用性强,终端侧的设备简单;缺点是采用多用户分享机制,主机的负载随终端的多少而变化,当很多用户同时使用主机时,系统的响应性能变差,一旦主机出现故障,整个系统将陷入瘫痪。为了减轻主机的负荷,后来出现了智能终端系统和专用成套系统。

智能终端系统在终端和通用主机之间再设置较低一级的小型计算机或微机。与集中式主机系统相比，处理速度和工作效率都得到了有效的提高。专用成套系统是将特定的硬件和软件配套起来，可直接交付用户使用的"交钥匙型系统（turnkey system）"，这类系统工作效率高，但针对性较强，扩展能力较差。

（2）工程工作站和微机系统　工程工作站（work station）系统在 20 世纪 80 年代中后期是中高档 CAD/CAM 系统的主流配置形式。工程工作站通常采用 32 位或 64 位微处理机，性能介于小型计算机和 PC 机之间，并且可以在局域网中实现资源共享。

微机系统是进入 20 世纪 90 年代以来，随着 PC 机的飞速发展而发展起来的。由于 PC 机的性能越来越优越，以及其较高的性价比，使基于 PC 机的 CAD/CAM 系统迅速崛起。微机系统通常采用单用户的微机及其基本配置，再配以输入输出设备来完成辅助设计与制造工作，其响应快、价格低、配置方便、性价比高，对于小型产品的设计、分析具有较好的通用性，但其处理速度偏低，运行大型 CAD/CAD 系统效率较低。

（3）客户机/服务器配置形式　由于工作站、微机的资源有限，基于网络的客户机/服务器配置形式逐步发展起来，目前，成为 CAD/CAM 系统的主流配置形式。它利用计算机技术与网络通信技术，将分布于各处的计算机以网络形式连接起来，使用户获得具有相当于大、中型计算机的数据处理能力，而投资却大大减少。

这种配置形式的特点是各种软、硬件资源分布在网络中的各节点计算机上，每个节点计算机都有自己的 CPU 与外围设备，并完成相应的计算机辅助设计及制造的任务。在需要时，各个节点计算机之间可以通过网络提供的通信功能实现相互间的数据交换，并共享绘图仪、打印机等硬件资源及公共的应用软件和文档等软件资源。其系统是开放型系统，属于分布式配置，节点计算机可以随时增删而不影响整个系统的应用，因此其节点计算机数量与功能扩展可以根据实际需要和具体情况而定，有利于不断根据 CAD/CAM 技术的发展而逐步提高系统的性能。

1.4　CAD/CAM 技术的发展趋势

CAD/CAM 技术的发展与计算机技术息息相关。20 世纪 40 年代，第一代计算机在美国麻省理工学院（MIT）问世，当时计算机的使用尚不普遍，主要用于科学计算。此后，随着计算机和网络通信等技术的迅猛发展，并不断应用于工程设计、制造、检测和管理等各个环节，制造科学与工程这一学科领域发生了极其深刻的变革，涌现出许多新理论、新技术和新方法，在产品设计和制造工程领域逐步形成了一系列典型的计算机应用技术和自动化信息系统。CAD/CAM 技术是计算机科学最早，也是最重要的应用领域之一，同时它也是计算机科学和技术发展的主要驱动力之一。伴随着计算机的发明、发展和成熟，计算机辅助设计技术也经历了其自身的产生、发展和成熟的过程。目前，它已成为一个现代化社会中各行各业不可或缺的技术基础和支撑，是人们从事生产和科学研究的得力助手。

随着全球创新能力的不断提高、网络环境的逐渐普及，CAD/CAM 技术的发展日新月异，竞争也日渐激烈。目前 CAD/CAM 技术的发展趋势可以概括为以下五个方面。

（1）微机化　以 32/64 位微机为设计平台的 CAD/CAM 系统越来越受到人们的重视。近年来，微型机已具有非常强大的图形处理功能，并支持 CPU 的并行处理，从而促使以 UG、Pro/E 等为代表的从前主要以工作站为平台的 CAD/CAM 系统向微机移植，网络技术的迅速成熟和普及为设计平台微机化提供了强有力的支持。而以 Solidworks 等为代表的本来就基于微机工作平台的 CAD/CAM 系统则纷纷推出了更为强大的新一代产品，逐步完善自身的各项功能。

（2）集成化　集成化是 CAD/CAM 技术发展的一个最为显著的趋势。CAD、CAM 系统从两个相对独立的技术群体逐渐发展成为集成系统，并与 CAPP、CAE 甚至生产计划与控制（production planning and control，PPC）等各种功能不同的软件有机结合起来，用统一的执行控制程序来组织各种信息的访问、交换、共享和处理，借助于公共的产品工程数据库、网络通信技术以及标准格式的中性文件接口实现综合集成。

目前，CAD/CAM 技术已达到一个实用化程度较高的水平，基本结束了各 CAX（包括 CAD、CAM、CAPP、CAE 等）技术的"孤岛技术"时期。CAX 技术与 PPC 基于 PDM 的综合集成可以保证系统内部信息流的畅通，提高工作效率，提高产品质量，降低设计制造成本，缩短设计制造周期，提高产品的综合竞争力。

在应用模式集成化的同时，并行工程思想与方法始终贯穿其中。新一代 CAD/CAM 技术强调在计算机网络环境内对产品开发的整个设计和管理过程实现并行作业，最大限度的利用各设计团队的各类资源，包括人员资源，进一步缩短设计制造周期，快速反映市场需求，提高产品的开发效率和一次成功率。

（3）智能化　设计过程智能化是指将人工智能植入 CAD/CAM 技术。现在发展得较好的人工智能领域的技术包括：专家系统、知识工程、灰色系统、神经网络和模糊系统等。与传统的 CAD/CAM 系统相比，现有的 CAD/CAM 系统智能化程度有所提高，但基本上还停留在将设计人员的设计意图转化为计算机文件的层次上。产品设计是一个高度智能化的创造性活动，是一个知识驱动的创造性活动，包含了对知识的继承、集成、创新和管理。如果能够把设计人员的设计理念、专家的丰富经验、长期积累的知识信息在 CAD/CAM 系统中加以应用，建立知识库、知识规则，并进行知识推理、创新应用等活动，将是更高层次、更高境界的 CAD/CAM 技术，因此将人工智能技术与 CAD/CAM 技术结合起来，形成智能化的 CAD/CAM 系统，是 CAD/CAM 技术发展的必然趋势。

目前，研究的热点包括：基于并行设计的方法建立新一代智能 CAD/CAM 系统；研究设计型专家系统的基本理论及技术问题；基于案例的推理机制的研究；基于神经网络设计方法的研究等。

（4）网络化　网络技术的迅速发展，给制造业带来了深刻变革。网络技术是计算机技术与通信技术相互渗透和结合的产物，网络可以把不同地域、不同单位的设计资源、人力资源和制造资源等集成起来，协同运作。CAD/CAM 系统只有通过网络互相连接起来，才能真正充分发挥系统的整体优势，达到资源共享、节省投资和降低总体成本的目的。

近年来，计算机支持的协同工作环境（CSCW）是 CAD/CAM 技术研究的热点之一。CSCW 提供了一个网络化的协同工作环境，用于支持群体成员间交流设计思想、讨论设计结果、及时发现问题并及时协调和解决，通过减少或避免反复设计，达到提高设计工作质量和效率的目的。

网络化的发展促进了虚拟设计、虚拟制造、虚拟企业的发展和应用。有的大型企业大量的零部件生产、装配都通过"虚拟工厂"、"动态企业联盟"的方式完成，企业只负责产品总体设计和少数零部件生产，并最终完成产品的装配。

（5）标准化　标准化不仅是开发应用 CAD/CAM 的基础，也是促进 CAD/CAM 技术普及及应用的有效手段。只有依靠标准化技术才能解决各系统支持平台的问题，才能促进 CAD 技术的国际间交流合作，才能支持异地协同设计制造，减少重复劳动，提高设计效率。

目前，CAD/CAM 技术的相关标准正处于不断建立和完善过程中，除了 CAD 支撑软件逐步实现 ISO 标准和工业标准外，还主要有：面向图形设备的标准（computer graphics interface，CGI）；面向用户的图形标准（graphics kernel system，GKS）；面向不同 CAD 系统的数据交换标准 IGES（initial graphics exchange specification）、STEP（standard for the exchange of product model data）等。目前基于这些标准的软件是 CAD/CAM 软件市场的主流。

第 2 章　图形变换原理应用

　　CAD 技术的处理对象是图形，图形的生成和处理是 CAD 技术的关键。图形的生成包括基本图形的生成、曲面的生成以及实体的生成。图 2-1 示出的是两个已生成的图形。在建立图形之后，人们常常需要对图形进行处理，例如将图形旋转某一角度，以得到图形对象的最佳视图，或者将图形平移，以改变图形的相对位置，或者将三维模型在平面显示器上投影显示，以及模型的动态平移和转动，这些都需要通过图形的几何处理来完成。

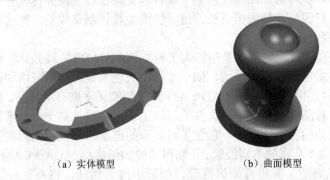

（a）实体模型　　　　　　　　　　（b）曲面模型

图 2-1　两个已生成的图形

2.1　图形变换的基本方法

2.1.1　几何图形的表示方法

　　构成几何图形的基本要素是点，无论是二维图形或三维图形，都可以离散成点集。在解析几何中，可以用矢量表示点的位置。二维空间中任一点 $P(x, y)$ 可以表示成矩阵形式 $[x\ y]$ 或 $\begin{bmatrix} x \\ y \end{bmatrix}$。同理，三维空间中任一点 $P(x, y, z)$ 的矩阵表示形式是 $[x\ y\ z]$ 或 $\begin{bmatrix} x \\ y \\ z \end{bmatrix}$。由于点是构成几何图形的基本要素，因此可以用点的集合（简称点集）来表示一个二维平面图形或三维立体图形，写成矩阵的形式是

二维图形点集：$\begin{bmatrix} x_1 & y_1 \\ x_2 & y_2 \\ \vdots & \vdots \\ x_n & y_n \end{bmatrix}_{n \times 2}$

三维图形点集：$\begin{bmatrix} x_1 & y_1 & z_1 \\ x_2 & y_2 & z_2 \\ \vdots & \vdots & \vdots \\ x_n & y_n & z_n \end{bmatrix}_{n \times 3}$

2.1.2　图形变换的基本方法

　　在计算机图形处理中，常常需要对图形进行比例、旋转、错切、平移等各种变换。由于

几何图形可以用点集来表示，因此图形的变换可以通过改变点的位置来实现。图形中所有点的位置发生相同的变换后，整个图形随之改变。其基本方法是将变换矩阵作用于点的位置矢量，使点的位置发生改变，得到新点。

（1）点变换的基本方法　平面任一点图形变换的矩阵运算表达式如式（2-1）所示。

$$旧点 \times 变换矩阵 = 新点$$

$$\begin{bmatrix} x & y \end{bmatrix} \begin{bmatrix} a & b \\ c & d \end{bmatrix} = \begin{bmatrix} ax+cy & bx+dy \end{bmatrix} = \begin{bmatrix} x' & y' \end{bmatrix} \tag{2-1}$$

式中，$\begin{bmatrix} x & y \end{bmatrix}$ 为变换前点坐标；$\begin{bmatrix} x' & y' \end{bmatrix}$ 为变换后点坐标；$T = \begin{bmatrix} a & b \\ c & d \end{bmatrix}$ 称为变换矩阵。

变换矩阵中的 a、b、c、d 是作用于旧点坐标的系数，这些系数的不同取值带来了图形变换的无穷魅力。

（2）图形变换的基本方法　用点集表示图形后，当变换矩阵作用于点集时，点集的整体变换即构成了图形的变换，这一过程如式（2-2）所示。

$$旧点集 \times 变换矩阵 = 新点集$$

$$\begin{bmatrix} x_1 & y_1 \\ x_2 & y_2 \\ \vdots & \vdots \\ x_n & y_n \end{bmatrix} \begin{bmatrix} a & b \\ c & d \end{bmatrix} = \begin{bmatrix} ax_1+cy_1 & bx_1+dy_1 \\ ax_2+cy_2 & bx_2+dy_2 \\ \vdots & \vdots \\ ax_n+cy_n & bx_n+dy_n \end{bmatrix} = \begin{bmatrix} x_1' & y_1' \\ x_2' & y_2' \\ \vdots & \vdots \\ x_n' & y_n' \end{bmatrix} \tag{2-2}$$

2.2　二维图形变换的基本形式

二维图形变换是计算机图形学最重要的数学基础之一，也是图形处理中最基础的部分，由二维图形变换可以很方便的扩展到三维图形变换。二维图形变换的基本形式如下。

① 比例变换（scaling）。
② 旋转变换（rotating）。
③ 错切变换（shearing）。
④ 对称变换（reflecting）。
⑤ 平移变换（translating）。

下面介绍基本二维图形变换。

2.2.1　比例变换

平面上一点 $P(x, y)$ 在 x 方向变化 a 倍，y 方向变化 d 倍后得新点 $P'(x', y')$，如图 2-2（a）所示。新点坐标为 $\begin{cases} x' = ax \\ y' = dy \end{cases}$。

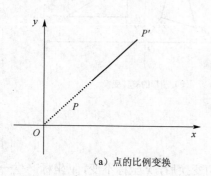

（a）点的比例变换

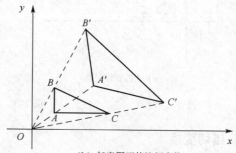

（b）任意图形的比例变换

图 2-2　比例变换

点的比例变换过程的矩阵表达式为式（2-3）。

$$[x \quad y]\begin{bmatrix} a & 0 \\ 0 & d \end{bmatrix} = [ax \quad dy] = [x' \quad y'] \tag{2-3}$$

式中，$T = \begin{bmatrix} a & 0 \\ 0 & d \end{bmatrix}$ 为比例变换矩阵；a、d 分别是 x 和 y 方向上的比例因子（$a \neq 0, d \neq 0$）。

依据 a、d 的不同取值，比例变换类型有如下三种。

① 若 $a = d = 1$，$T = \begin{bmatrix} 1 & 0 \\ 0 & 1 \end{bmatrix}$ 为单位矩阵，变换后点坐标不变，为恒等变换。

② 若 $a = d \neq 1$，变换结果是图形等比例放大（$a > 1$）或缩小（$a < 1$），为等比变换。

③ 若 $a \neq d$，变换结果是图形产生畸变。

2.2.2　旋转变换

平面上一点 $P(x, y)$，绕原点旋转 θ 角，规定逆时针旋转 θ 为正，顺时针旋转 θ 为负，得新点 $P'(x', y')$。参照图 2-3（a）推导出新点和旧点的关系表达式

$$P'(x', y') \begin{cases} \begin{aligned} x' &= r\cos(\theta + \varphi) \\ &= r\cos\theta\cos\varphi - r\sin\theta\sin\varphi \\ &= x\cos\theta - y\sin\theta \\ \\ y' &= r\sin(\theta + \varphi) \\ &= r\cos\varphi\sin\theta + r\sin\varphi\cos\theta \\ &= x\sin\theta + y\cos\theta \end{aligned} \end{cases}$$

旋转变换矩阵：$T = \begin{bmatrix} \cos\theta & \sin\theta \\ -\sin\theta & \cos\theta \end{bmatrix}$

$$[x \quad y]\begin{bmatrix} \cos\theta & \sin\theta \\ -\sin\theta & \cos\theta \end{bmatrix} = [x\cos\theta - y\sin\theta \quad x\sin\theta + y\cos\theta] = [x' \quad y'] \tag{2-4}$$

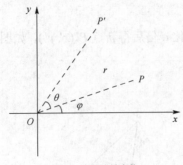
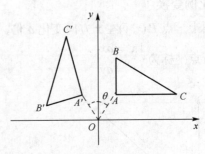

（a）点的旋转变换　　　　　　　　　　　（b）图形的旋转变换

图 2-3　旋转变换

2.2.3　错切变换

（1）沿 y 向错切　平面上任一点 $P(x, y)$ 沿 y 向错切变换后，x 坐标不变，y 坐标产生一线

性增量 bx（$b \neq 0$），即新点 $P'(x', y')$ $\begin{cases} x' = x \\ y' = bx + y \end{cases}$，则称在 y 方向发生了错切变换，如图 2-4 所示。

平面上的点沿 y 向错切变换过程如式（2-5）所示，其变换矩阵 $T = \begin{bmatrix} 1 & b \\ 0 & 1 \end{bmatrix}$。

$$\begin{bmatrix} x & y \end{bmatrix} \begin{bmatrix} 1 & b \\ 0 & 1 \end{bmatrix} = \begin{bmatrix} x & bx + y \end{bmatrix} = \begin{bmatrix} x' & y' \end{bmatrix}$$

（2-5）

（2）沿 x 向错切　平面上任一点 $P(x, y)$，沿 x 向错切变换后，y 坐标不变，x 坐标产生一线性增量 cy（$c \neq 0$），即新点 $P'(x', y')$ $\begin{cases} x' = x + cy \\ y' = y \end{cases}$，则称在 x 方向发生了错切变换，如图 2-5 所示。

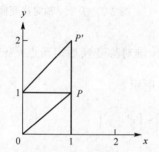

图 2-4　沿 y 方向错切变换（b=1）

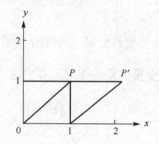

图 2-5　沿 x 方向错切变换(c=1)

平面上的点沿 x 向错切变换过程如式（2-6）所示，其变换矩阵 $T = \begin{bmatrix} 1 & 0 \\ c & 1 \end{bmatrix}$。

$$\begin{bmatrix} x & y \end{bmatrix} \begin{bmatrix} 1 & 0 \\ c & 1 \end{bmatrix} = \begin{bmatrix} x + cy & y \end{bmatrix} = \begin{bmatrix} x' & y' \end{bmatrix}$$

（2-6）

2.2.4　对称变换

（1）关于原点对称变换　平面上一点 $P(x, y)$，关于原点对称变换后得新点 $P'(x', y')$ $\begin{cases} x' = -x \\ y' = -y \end{cases}$，此变换过程如式（2-7）所示。

$$\begin{bmatrix} x & y \end{bmatrix} \begin{bmatrix} -1 & 0 \\ 0 & -1 \end{bmatrix} = \begin{bmatrix} -x & -y \end{bmatrix} = \begin{bmatrix} x' & y' \end{bmatrix}$$

（2-7）

关于原点对称变换矩阵为 $T = \begin{bmatrix} -1 & 0 \\ 0 & -1 \end{bmatrix}$。

（2）关于坐标轴的对称变换

① 关于 x 轴对称变换。平面上一点 $P(x, y)$关于 x 轴对称变换后得新点 $P'(x', y')$ $\begin{cases} x' = x \\ y' = -y \end{cases}$，见图 2-6，该变换过程的矩阵运算表达式如式（2-8）所示。

$$\begin{bmatrix} x & y \end{bmatrix} \begin{bmatrix} 1 & 0 \\ 0 & -1 \end{bmatrix} = \begin{bmatrix} x & -y \end{bmatrix} = \begin{bmatrix} x' & y' \end{bmatrix}$$

（2-8）

关于 x 轴对称变换矩阵为 $T = \begin{bmatrix} 1 & 0 \\ 0 & -1 \end{bmatrix}$。

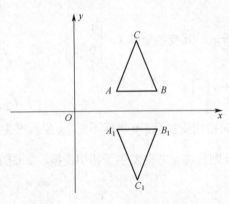

图 2-6 关于 x 轴对称变换

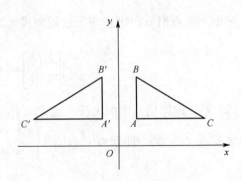

图 2-7 关于 y 轴对称变换

② 关于 y 轴对称变换。平面上一点 $P(x, y)$，关于 y 轴对称变换后得新点 $P'(x', y')\begin{cases} x' = -x \\ y' = y \end{cases}$，见图 2-7，该变换过程的矩阵运算表达式如式（2-9）所示。

$$[x \quad y]\begin{bmatrix} -1 & 0 \\ 0 & 1 \end{bmatrix} = [-x \quad y] = [x' \quad y'] \tag{2-9}$$

关于 y 轴对称变换矩阵为 $T = \begin{bmatrix} -1 & 0 \\ 0 & 1 \end{bmatrix}$。

（3）关于 45° 线的对称变换

① 关于直线 $y=x$ 对称变换。平面上一点 $P(x, y)$，关于 $y=x$ 对称变换后得新点 $P'(x', y')\begin{cases} x' = y \\ y' = x \end{cases}$，见图 2-8，该变换过程的矩阵运算表达式如式（2-10）所示。

$$[x \quad y]\begin{bmatrix} 0 & 1 \\ 1 & 0 \end{bmatrix} = [y \quad x] = [x' \quad y'] \tag{2-10}$$

关于直线 $y=x$ 对称变换矩阵为 $T = \begin{bmatrix} 0 & 1 \\ 1 & 0 \end{bmatrix}$。

② 关于直线 $y=-x$ 线对称变换。平面上一点 $P(x, y)$，关于 $y=-x$ 对称变换后得新点 $P'(x', y')\begin{cases} x' = -y \\ y' = -x \end{cases}$，该变换过程的矩阵运算表达式如式（2-11）所示。

$$[x \quad y]\begin{bmatrix} 0 & -1 \\ -1 & 0 \end{bmatrix} = [-y \quad -x] = [x' \quad y'] \tag{2-11}$$

关于直线 $y=-x$ 线对称变换矩阵为 $T = \begin{bmatrix} 0 & -1 \\ -1 & 0 \end{bmatrix}$。

2.2.5 平移变换

如图 2-9 所示，平面上一点 $P(x, y)$，沿 x 方向移动 t_x，沿 y 方向移动 t_y 后得新点

$$P'(x', y') \begin{cases} x' = x + t_x \\ y' = y + t_y \end{cases}$$

式中，t_x、t_y 为常数。

但是利用式（2-1）对点进行变换，则无论系数 a、b、c、d 如何取值，都无法实现平移变换要求的在原坐标基础上加一个常数的结果。为解决这个问题，引入了齐次坐标的概念。

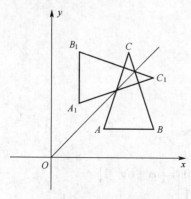

图 2-8　关于直线 $y=x$ 对称变换

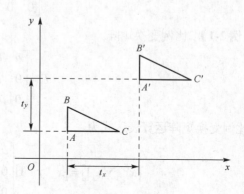

图 2-9　平移变换

2.2.6　齐次坐标与齐次变换矩阵

（1）齐次坐标概念　　所谓齐次坐标，就是将一个原本是 n 维的向量用一个 $n+1$ 维向量来表示，如向量 $(x_1, x_2, ..., x_n)$ 的齐次坐标表示为 $(hx_1, hx_2, ..., hx_n)$，其中 h 是一个实数。由于 h 取值是任意的，所以任一个向量的齐次表示具有非唯一性，例如二维点 $(5, 6)$ 可以表示为齐次坐标 $(5, 6, 1)$、$(10, 12, 2)$、$(15, 18, 3)$ 等，而齐次坐标 $(8, 4, 2)$、$(4, 2, 1)$ 表示的都是二维点 $(2, 1)$。为保持坐标的一致性，规定 $h=1$ 时的齐次坐标为规范齐次坐标，即 (x, y) 的规范齐次坐标为 $(x, y, 1)$，表示成矩阵形式就是 $[x\ y\ 1]$。

（2）规范齐次坐标几何意义　　用齐次坐标方法可以以三维向量来表示二维向量。如图 2-10 所示，空间点 $(x, y, 1)$ 可以看做原本在二维平面 xOy 面上的一点 (x, y) 投影到 $z=1$ 平面上。二维图形落在了 $z=1$ 平面，而图形形状没有发生改变，仍然是二维图形，只不过是所在平面层提高了一层。因此采用的三维向量，表示的仍然是平面图形变换。

（3）二维图形齐次变换矩阵　　平面上一点 (x, y) 表示成其规范齐次坐标 $(x, y, 1)$ 后，其对应的图形变换矩阵为 3×3 矩阵。采用齐次变换矩阵可以扩大图形变换运算种类，因此图形变换多采用齐次坐标的形式表示，本章后面涉及的二维及三维图形变换也均采用齐次坐标的表示形式。

根据能够实现的功能，可将齐次变换矩阵（简称变换矩阵）分为四部分，如图 2-11 所示。

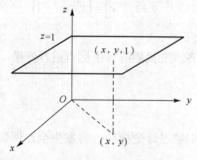

图 2-10　齐次坐标与规范齐次坐标

$$T = \begin{bmatrix} a & b & p \\ c & d & q \\ t_x & t_y & s \end{bmatrix}$$

图 2-11　二维齐次变换矩阵

① $\begin{bmatrix} a & b \\ c & d \end{bmatrix}$ 部分。实现图形的比例、旋转、对称、错切等基本变换，这部分类似 2×2 变换矩阵，其运算表达式为式（2-12）。

$$[x' \quad y' \quad 1] = [x \quad y \quad 1]\begin{bmatrix} a & b & 0 \\ c & d & 0 \\ 0 & 0 & 1 \end{bmatrix} = [ax+cy \quad bx+dy \quad 1] \qquad (2\text{-}12)$$

【例 2-1】 比例变换矩阵。

$$T = \begin{bmatrix} a & 0 & 0 \\ 0 & d & 0 \\ 0 & 0 & 1 \end{bmatrix}$$

比例变换矩阵运算表达式为

$$[x' \quad y' \quad 1] = [x \quad y \quad 1]\begin{bmatrix} a & 0 & 0 \\ 0 & d & 0 \\ 0 & 0 & 1 \end{bmatrix} = [ax \quad dy \quad 1]$$

【例 2-2】 旋转变换矩阵。

$$T = \begin{bmatrix} \cos\theta & \sin\theta & 0 \\ -\sin\theta & \cos\theta & 0 \\ 0 & 0 & 1 \end{bmatrix}$$

旋转变换矩阵运算表达式为

$$[x \quad y \quad 1]\begin{bmatrix} \cos\theta & \sin\theta & 0 \\ -\sin\theta & \cos\theta & 0 \\ 0 & 0 & 1 \end{bmatrix} = [x\cos\theta - y\sin\theta \quad x\sin\theta + y\cos\theta \quad 1] = [x' \quad y' \quad 1]$$

② $\begin{bmatrix} t_x & t_y \end{bmatrix}$ 部分。实现图形的平移变换。

$$平移变换矩阵 \qquad T = \begin{bmatrix} 1 & 0 & 0 \\ 0 & 1 & 0 \\ t_x & t_y & 1 \end{bmatrix}$$

平移变换矩阵运算表达式为

$$[x \quad y \quad 1]\begin{bmatrix} 1 & 0 & 0 \\ 0 & 1 & 0 \\ t_x & t_y & 1 \end{bmatrix} = [x+t_x \quad y+t_y \quad 1] = [x' \quad y' \quad 1] \qquad (2\text{-}13)$$

可以看到，在引入齐次坐标后，再利用齐次变换矩阵对坐标点进行变换，就得到了平移变换的矩阵运算表达式。

③ $[s]$ 部分。实现图形的全比例变换。

若变换矩阵 $T = \begin{bmatrix} 1 & 0 & 0 \\ 0 & 1 & 0 \\ 0 & 0 & s \end{bmatrix}$，则点 $(x, y, 1)$ 经过该变换后，将发生全比例变换。

$$[x \quad y \quad 1]\begin{bmatrix} 1 & 0 & 0 \\ 0 & 1 & 0 \\ 0 & 0 & s \end{bmatrix} = [x \quad y \quad s] \qquad (2\text{-}14)$$

④ $\begin{bmatrix} p \\ q \end{bmatrix}$ 部分。实现图形的透视变换。

透视变换矩阵 $\qquad T = \begin{bmatrix} 1 & 0 & p \\ 0 & 1 & q \\ 0 & 0 & 1 \end{bmatrix}$

透视变换的矩阵运算表达式 $\qquad [x \quad y \quad 1]\begin{bmatrix} 1 & 0 & p \\ 0 & 1 & q \\ 0 & 0 & 1 \end{bmatrix} = [x \quad y \quad px+qy+1] \qquad (2\text{-}15)$

2.2.7 平面图形变换

前面的基本变换过程都是以点为例来说明的，设想一个图形上所有点都进行同样的变换，也就实现了整个图形的几何变换。因此，对于相同的变换，平面图形和点的变换矩阵和变换方法是一样的，只不过计算中需要用表征图形的点集和变换矩阵相乘。

【例 2-3】 四边形 $ABCD$ 顶点的坐标分别为 $A(2,1)$、$B(4,1)$、$C(5,4)$、$D(3,4)$，写出该图形关于原点对称变换的齐次变换矩阵，并计算变换后的顶点坐标值。

解： 如前所述，图形可以用点集表示，这里四边形的顶点决定了图形的形状和位置，故

由 4 个顶点齐次坐标组成点集 $\begin{array}{l} A \\ B \\ C \\ D \end{array}\begin{bmatrix} 2 & 1 & 1 \\ 4 & 1 & 1 \\ 5 & 4 & 1 \\ 3 & 4 & 1 \end{bmatrix}$，关于原点对称的齐次变换矩阵为 $T = \begin{bmatrix} -1 & 0 & 0 \\ 0 & -1 & 0 \\ 0 & 0 & 1 \end{bmatrix}$，

则四边形 $ABCD$ 关于原点的对称变换可写成

$$\begin{array}{l} A \\ B \\ C \\ D \end{array}\begin{bmatrix} 2 & 1 & 1 \\ 4 & 1 & 1 \\ 5 & 4 & 1 \\ 3 & 4 & 1 \end{bmatrix}\begin{bmatrix} -1 & 0 & 0 \\ 0 & -1 & 0 \\ 0 & 0 & 1 \end{bmatrix} = \begin{bmatrix} -2 & -1 & 1 \\ -4 & -1 & 1 \\ -5 & -4 & 1 \\ -3 & -4 & 1 \end{bmatrix}\begin{array}{l} A_1 \\ B_1 \\ C_1 \\ D_1 \end{array}$$

计算所得新点集的每一行分别表示了对应点的齐次坐标，四边形关于原点对称后的图形见图 2-12。

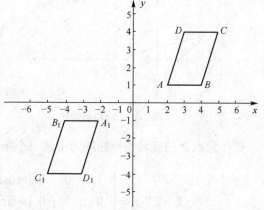

图 2-12 四边形关于原点对称

2.3 二维组合变换

前面介绍了一些基本图形变换，而实际问题中的图形变换要复杂得多，仅用一种基本变换是无法实现的，必须采用两种或两种以上的图形变换组合才能实现。这种组合变换通过矩阵级连来实现，组合而成的变换矩阵称为组合变换矩阵。应当注意的是，矩阵的乘法不适用交换率，若 A、B 为两矩阵，有 $AB \neq BA$。因此，在进行组合变换矩阵计算时，一定要按分析过程排列级连矩阵，不可随意交换位置，一般情况下变换顺序不同，得到的变换结果不同。

【例2-4】　求绕任意点旋转的变换矩阵。

如图 2-13 所示，任意平面图形绕任意点 $P(x_1, y_1)$ 旋转 α 角，其中心问题是旋转，可将其转化成关于原点的旋转问题，然后设法将旋转变换以外其他的变换抵消，变换步骤如下。

① 将旋转中心平移到原点。如图 2-14 所示，其变换矩阵为：$T_1 = \begin{bmatrix} 1 & 0 & 0 \\ 0 & 1 & 0 \\ -x_1 & -y_1 & 1 \end{bmatrix}$。

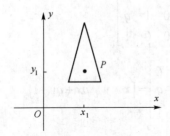
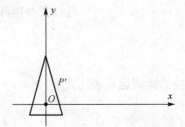

图 2-13　图形的原始位置　　　　图 2-14　旋转中心与原点重合

② 将图形绕坐标系原点旋转 α 角。如图 2-15 所示，其变换矩阵为：$T_2 = \begin{bmatrix} \cos\alpha & \sin\alpha & 0 \\ -\sin\alpha & \cos\alpha & 0 \\ 0 & 0 & 1 \end{bmatrix}$。

③ 将旋转中心平移回到原来位置。如图 2-16 所示，其变换矩阵为：$T_3 = \begin{bmatrix} 1 & 0 & 0 \\ 0 & 1 & 0 \\ x_1 & y_1 & 1 \end{bmatrix}$。

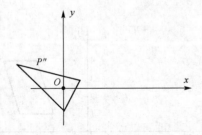
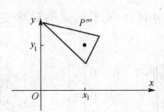

图 2-15　绕原点旋转　　　　图 2-16　旋转中心平移到 P 点

绕任意点 P 的旋转变换矩阵为上述三个矩阵的级连。

$$T = T_1 T_2 T_3 = \begin{bmatrix} 1 & 0 & 0 \\ 0 & 1 & 0 \\ -x_1 & -y_1 & 1 \end{bmatrix} \begin{bmatrix} \cos\alpha & \sin\alpha & 0 \\ -\sin\alpha & \cos\alpha & 0 \\ 0 & 0 & 1 \end{bmatrix} \begin{bmatrix} 1 & 0 & 0 \\ 0 & 1 & 0 \\ x_1 & y_1 & 1 \end{bmatrix}$$

$$= \begin{bmatrix} \cos\alpha & \sin\alpha & 0 \\ -\sin\alpha & \cos\alpha & 0 \\ x_1(1-\cos\alpha)+y_1\sin\alpha & -x_1\sin\alpha+y_1(1-\cos\alpha) & 1 \end{bmatrix}$$

【例2-5】　求关于任意直线对称的变换矩阵。

设任意直线 $Ax+By+C=0$ 与 x 轴的夹角为 α，如图 2-17 所示。可以通过一系列基本图形变换组合实现关于任意直线的对称变换。其中心问题是对称，可将其转化成对某一坐标轴（如 x 轴）的对称，然后设法将对称变换以外的其他变换抵消。变换步骤如下。

① 平移。使原点和截点（直线与 x 轴的交点）重合，变换矩阵为：

$$T_1 = \begin{bmatrix} 1 & 0 & 0 \\ 0 & 1 & 0 \\ C/A & 0 & 1 \end{bmatrix}$$

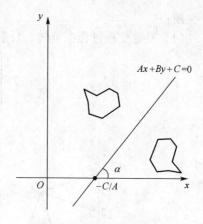

图 2-17　关于任意直线对称

② 绕原点旋转。变换矩阵为：

$$T_2 = \begin{bmatrix} \cos(-\alpha) & \sin(-\alpha) & 0 \\ -\sin(-\alpha) & \cos(-\alpha) & 0 \\ 0 & 0 & 1 \end{bmatrix} = \begin{bmatrix} \cos\alpha & -\sin\alpha & 0 \\ \sin\alpha & \cos\alpha & 0 \\ 0 & 0 & 1 \end{bmatrix}$$

③ 关于坐标轴对称变换。变换矩阵为：

$$T_3 = \begin{bmatrix} 1 & 0 & 0 \\ 0 & -1 & 0 \\ 0 & 0 & 1 \end{bmatrix}$$

④ 绕原点转回。变换矩阵为：

$$T_4 = \begin{bmatrix} \cos\alpha & \sin\alpha & 0 \\ -\sin\alpha & \cos\alpha & 0 \\ 0 & 0 & 1 \end{bmatrix}$$

⑤ 平移。变换矩阵为：

$$T_5 = \begin{bmatrix} 1 & 0 & 0 \\ 0 & 1 & 0 \\ -C/A & 0 & 1 \end{bmatrix}$$

所以对任意直线 $Ax+By+C=0$ 的对称变换矩阵为这五个变换步骤的组合。

$$T = T_1T_2T_3T_4T_5 = \begin{bmatrix} \cos2\alpha & \sin2\alpha & 0 \\ \sin2\alpha & -\cos2\alpha & 0 \\ (\cos2\alpha-1)C/A & \sin2\alpha C/A & 1 \end{bmatrix}$$

【例 2-6】　已知 $\triangle ABC$，$\begin{matrix} A \\ B \\ C \end{matrix}\begin{bmatrix} 2 & 0 & 1 \\ 4 & 0 & 1 \\ 3 & 3 & 1 \end{bmatrix}$

（1）对 $\triangle ABC$，先绕原点逆时针转 $90°$，再关于 x 轴对称；

（2）对 $\triangle ABC$，先关于 x 轴对称，再绕原点逆时针转 $90°$。

求两种变换的变换矩阵，计算图形变换后坐标并作图。

解：

（1）复合变换过程：旋转、反射，其变换矩阵为

$$T = \begin{bmatrix} 0 & 1 & 0 \\ -1 & 0 & 0 \\ 0 & 0 & 1 \end{bmatrix} \begin{bmatrix} 1 & 0 & 0 \\ 0 & -1 & 0 \\ 0 & 0 & 1 \end{bmatrix}$$

$$\begin{matrix} A \\ B \\ C \end{matrix} \begin{bmatrix} 2 & 0 & 1 \\ 4 & 0 & 1 \\ 3 & 3 & 1 \end{bmatrix} T = \begin{bmatrix} 0 & -2 & 1 \\ 0 & -4 & 1 \\ -3 & -3 & 1 \end{bmatrix} \begin{matrix} A_1 \\ B_1 \\ C_1 \end{matrix}$$

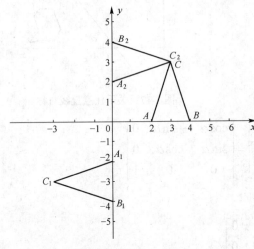

图 2-18　交换后的图形

（2）复合变换过程：反射、旋转，其变换矩阵为

$$T = \begin{bmatrix} 1 & 0 & 0 \\ 0 & -1 & 0 \\ 0 & 0 & 1 \end{bmatrix} \begin{bmatrix} 0 & 1 & 0 \\ -1 & 0 & 0 \\ 0 & 0 & 1 \end{bmatrix}$$

$$\begin{matrix} A \\ B \\ C \end{matrix} \begin{bmatrix} 2 & 0 & 1 \\ 4 & 0 & 1 \\ 3 & 3 & 1 \end{bmatrix} T = \begin{bmatrix} 0 & 2 & 1 \\ 0 & 4 & 1 \\ 3 & 3 & 1 \end{bmatrix} \begin{matrix} A_2 \\ B_2 \\ C_2 \end{matrix}$$

变换后的图形如图 2-18 所示。

2.4　三维图形变换

三维图形变换（三维变换）是二维图形变换（二维变换）的扩展，其基本原理类似。下面从点的三维变换开始，介绍三维图形变换的基本类型和方法。采用四维坐标来表示三维空间的点，例如点 $[x\ y\ z]$，采用规范齐次坐标后表示为 $[x\ \ y\ \ z\ \ 1]$。

2.4.1　三维变换矩阵

空间上任一点 $P[x\ y\ z]$，经过某种变换后得到新点 $P'[x'\ \ y'\ \ z'\ \ 1]$，这一过程可表示为

$$[x\ \ y\ \ z\ \ 1]T = [x'\ \ y'\ \ z'\ \ 1] \tag{2-16}$$

式中，T 为三维图形变换矩阵，其表达通式为：

$$T = \begin{bmatrix} a & b & c & \vdots & p \\ d & e & f & \vdots & q \\ h & i & j & \vdots & r \\ \cdots & \cdots & \cdots & \vdots & \cdots \\ l & m & n & \vdots & s \end{bmatrix}$$

和二维变换矩阵相似，三维变换矩阵也可以按照各不同的作用分为四部分：$\begin{bmatrix} a & b & c \\ d & e & f \\ h & i & j \end{bmatrix}$

产生比例、对称、旋转、错切等变换；$[l\ \ m\ \ n]$ 产生平移变换；$\begin{bmatrix} p \\ q \\ r \end{bmatrix}$ 产生透视变换；$[s]$ 产生全比例变换。

2.4.2　三维基本变换

（1）三维平移变换　如图 2-19 所示，三维平移变换矩阵　$T = \begin{bmatrix} l & 0 & 0 & 0 \\ 0 & l & 0 & 0 \\ 0 & 0 & l & 0 \\ l & m & n & l \end{bmatrix}$

其中 l、m、n 分别为 x、y、z 方向上的平移量。空间上任一点 $P(x, y, z)$，经过三维平移变换后得到新点 $P'(x', y', z')$，其平移变换过程为

$$[x \quad y \quad z \quad 1]T = [x+l \quad y+m \quad z+n \quad 1] = [x' \quad y' \quad z' \quad 1] \tag{2-17}$$

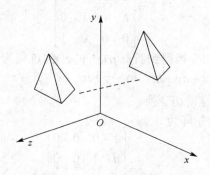

图 2-19　三维平移变换

（2）三维比例变换　三维比例变换矩阵　$T_S = \begin{bmatrix} a & 0 & 0 & 0 \\ 0 & e & 0 & 0 \\ 0 & 0 & j & 0 \\ 0 & 0 & 0 & 1 \end{bmatrix}$

其中主对角线上的数值 a、e、j 分别表示为 x、y、z 方向上的比例变换系数，空间上任一点 $P(x, y, z)$，经过三维比例变换后得到新点 $p'(x', y', z')$，其变换过程为

$$[x \quad y \quad z \quad 1]T_S = [ax \quad ey \quad jz \quad 1] = [x' \quad y' \quad z' \quad 1] \tag{2-18}$$

（3）三维对称变换　当一个三维物体关于坐标平面对称时，仅使物体的坐标矢量的某一坐标值改变符号即可，例如物体对 xOy 平面的三维对称变换，仅使 z 坐标改变符号即可，其对称变换矩阵为

$$T_{xOy} = \begin{bmatrix} 1 & 0 & 0 & 0 \\ 0 & 1 & 0 & 0 \\ 0 & 0 & -1 & 0 \\ 0 & 0 & 0 & 1 \end{bmatrix}$$

空间一上任点 $P(x, y, z)$，对 xOy 平面做三维对称变换得到新点 $P'(x', y', z')$，则

$$[x' \quad y' \quad z' \quad 1] = [x \quad y \quad z \quad 1]T_{xOy} = [x \quad y \quad -z \quad 1] \tag{2-19}$$

同理，关于 xOz 平面的三维对称变换矩阵为

$$T_{xOz} = \begin{bmatrix} 1 & 0 & 0 & 0 \\ 0 & -1 & 0 & 0 \\ 0 & 0 & 1 & 0 \\ 0 & 0 & 0 & 1 \end{bmatrix}$$

关于 yOz 平面的三维对称变换矩阵为

$$T_{yOz} = \begin{bmatrix} -1 & 0 & 0 & 0 \\ 0 & 1 & 0 & 0 \\ 0 & 0 & 1 & 0 \\ 0 & 0 & 0 & 1 \end{bmatrix}$$

（4）三维错切变换　三维错切变换指三维立体沿 x、y、z 三个方向发生错切，三维错切变换每个坐标的变化受到另外两个坐标的影响。三维错切变换矩阵为

$$T = \begin{bmatrix} 1 & b & c & 0 \\ d & 1 & f & 0 \\ h & i & 1 & 0 \\ 0 & 0 & 0 & 1 \end{bmatrix}$$

点 $P(x, y, z)$ 经过三维错切变换得到新点 $p'(x', y', z')$ 的过程为

$$\begin{bmatrix} x & y & z & 1 \end{bmatrix} T = \begin{bmatrix} x+dy+hz & bx+y+iz & cx+fy+z & 1 \end{bmatrix} = \begin{bmatrix} x' & y' & z' & 1 \end{bmatrix} \qquad (2\text{-}20)$$

下面介绍六种典型的三维错切变换。

① 沿 x 含 y 错切。变换矩阵为

$$T_{x(y)} = \begin{bmatrix} 1 & 0 & 0 & 0 \\ d & 1 & 0 & 0 \\ 0 & 0 & 1 & 0 \\ 0 & 0 & 0 & 1 \end{bmatrix}$$

沿 x 含 y 错切变换过程为：

$$\begin{bmatrix} x & y & z & 1 \end{bmatrix} T_{x(y)} = \begin{bmatrix} x+dy & y & z & 1 \end{bmatrix} = \begin{bmatrix} x' & y' & z' & 1 \end{bmatrix} \qquad (2\text{-}21)$$

② 沿 x 含 z 错切。变换矩阵为

$$T_{x(z)} = \begin{bmatrix} 1 & 0 & 0 & 0 \\ 0 & 1 & 0 & 0 \\ h & 0 & 1 & 0 \\ 0 & 0 & 0 & 1 \end{bmatrix}$$

沿 x 含 z 错切变换过程为：

$$\begin{bmatrix} x & y & z & 1 \end{bmatrix} T_{x(z)} = \begin{bmatrix} x+hz & y & z & 1 \end{bmatrix} = \begin{bmatrix} x' & y' & z' & 1 \end{bmatrix} \qquad (2\text{-}22)$$

③ 沿 y 含 x 错切。变换矩阵为

$$T_{y(x)} = \begin{bmatrix} 1 & b & 0 & 0 \\ 0 & 1 & 0 & 0 \\ 0 & 0 & 1 & 0 \\ 0 & 0 & 0 & 1 \end{bmatrix}$$

沿 y 含 x 错切变换过程为：

$$\begin{bmatrix} x & y & z & 1 \end{bmatrix} T_{y(x)} = \begin{bmatrix} x & bx+y & z & 1 \end{bmatrix} = \begin{bmatrix} x' & y' & z' & 1 \end{bmatrix} \qquad (2\text{-}23)$$

④ 沿 y 含 z 错切。变换矩阵为

$$T_{y(z)} = \begin{bmatrix} 1 & 0 & 0 & 0 \\ 0 & 1 & 0 & 0 \\ 0 & i & 1 & 0 \\ 0 & 0 & 0 & 1 \end{bmatrix}$$

沿 y 含 z 错切变换过程为：

$$\begin{bmatrix} x & y & z & 1 \end{bmatrix} T = \begin{bmatrix} x & y+iz & z & 1 \end{bmatrix} = \begin{bmatrix} x' & y' & z' & 1 \end{bmatrix} \tag{2-24}$$

⑤ 沿 z 含 x 错切。变换矩阵为

$$T_{z(x)} = \begin{bmatrix} 1 & 0 & c & 0 \\ 0 & 1 & 0 & 0 \\ 0 & 0 & 1 & 0 \\ 0 & 0 & 0 & 1 \end{bmatrix}$$

沿 z 含 x 错切变换过程为：

$$\begin{bmatrix} x & y & z & 1 \end{bmatrix} T_{z(x)} = \begin{bmatrix} x & y & cx+z & 1 \end{bmatrix} = \begin{bmatrix} x' & y' & z' & 1 \end{bmatrix} \tag{2-25}$$

⑥ 沿 z 含 y 错切。变换矩阵为

$$T_{z(y)} = \begin{bmatrix} 1 & 0 & 0 & 0 \\ 0 & 1 & f & 0 \\ 0 & 0 & 1 & 0 \\ 0 & 0 & 0 & 1 \end{bmatrix}$$

沿 z 含 y 错切变换过程为：

$$\begin{bmatrix} x & y & z & 1 \end{bmatrix} T_{z(y)} = \begin{bmatrix} x & y & fy+z & 1 \end{bmatrix} = \begin{bmatrix} x' & y' & z' & 1 \end{bmatrix} \tag{2-26}$$

（5）三维旋转变换 物体在三维空间中的旋转十分复杂，可以绕坐标轴旋转，也可以绕其他任意轴旋转。二维空间的旋转放到三维空间中，可以看成是三维旋转的特例，如果绕原点旋转，则旋转轴为 z 轴；若绕任意点旋转，则旋转轴是平行于 z 轴的直线。这里介绍绕坐标轴的三维旋转，绕其他轴的旋转可以在此基础上得出。设物体在右手坐标系中描述，从规定坐标正方向向原点看，绕轴逆时针旋转为正，顺时针旋转为负，如图 2-20 所示。

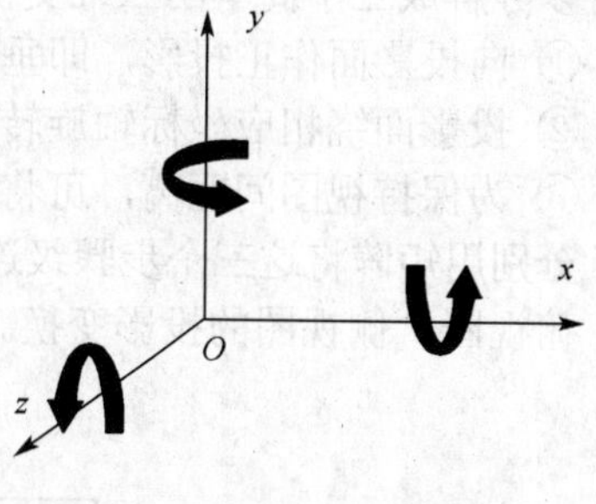

图形绕某一坐标轴的旋转，总可以看成在垂直于该轴的平面上做二维旋转。因此，由 xOy 面上的二维旋转 $\begin{cases} x' = x\cos\theta - y\sin\theta \\ y' = x\sin\theta + y\cos\theta \end{cases}$ 可以推出绕坐标轴的三维旋转表达式。

① 绕 x 轴旋转 α 角。当图形绕 x 轴旋转时，图形在平行于 yOz 的平面上旋转，此时 x 分量无变化。y 分量从 x 轴正方向向原点看，相当于二维旋转时的 x。z 分量从 x 轴正方向向原点看，相当于二维旋转时的 y。

用 y、z 分别替换二维旋转中的 x、y，角度为 α，得

$$\begin{cases} x' = x \\ y' = y\cos\alpha - z\sin\alpha \\ z' = y\sin\alpha + z\cos\alpha \end{cases} \tag{2-27}$$

图 2-20 绕坐标轴三维旋转正方向

由此可以写出绕 x 轴旋转 α 角三维变换矩阵

$$R_x = \begin{bmatrix} 1 & 0 & 0 & 0 \\ 0 & \cos\alpha & \sin\alpha & 0 \\ 0 & -\sin\alpha & \cos\alpha & 0 \\ 0 & 0 & 0 & 1 \end{bmatrix}$$

② 绕 y 轴旋转 β 角。同理，绕 y 轴旋转时，图形在平行于 xOz 的平面上旋转，此时从 y 轴正方向向原点看，y 分量无变化，用 z、x 分别替换二维旋转中的 x、y，得出绕 y 轴旋转 β 角的变换矩阵为

$$R_y = \begin{bmatrix} \cos\beta & 0 & -\sin\beta & 0 \\ 0 & 1 & 0 & 0 \\ \sin\beta & 0 & \cos\beta & 0 \\ 0 & 0 & 0 & 1 \end{bmatrix}$$

③ 绕 z 轴旋转 γ 角。绕 z 轴旋转时，图形在平行于 xOy 的平面上旋转，此时从 z 轴正方向向原点看，z 分量无变化，因为绕 z 轴旋转，所以 x、y 分量与二维旋转中的相同，得出绕 z 轴旋转 γ 角的变换矩阵为

$$R_z = \begin{bmatrix} \cos\gamma & \sin\gamma & 0 & 0 \\ -\sin\gamma & \cos\gamma & 0 & 0 \\ 0 & 0 & 1 & 0 \\ 0 & 0 & 0 & 1 \end{bmatrix}$$

2.5　三维图形变换的应用

2.5.1　三视图投影

工程设计中，常常需要在二维工程图纸上展示产品不同的面，并且要求可以直接在图纸上测量距离和角度。常用的方法是三视图投影，将空间物体投影到三个正交的投影面上，并最终展平在同一平面上显示，如图 2-21 所示。这一过程可以用图形变换表示，求三视图的步骤可以分解成三个简单的三维变换。

① 向投影面作正投影，即垂直投影。

② 投影面绕相应坐标轴旋转 90°，使三个投影面最后共面。

③ 为保持视图间距离，可将图形沿投影方向轴向平移。

分别用矩阵将这三个步骤级连，利用组合变换的方法得到最终结果。下面分别介绍主视图、俯视图、侧视图的投影变换。

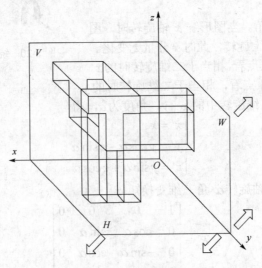

图 2-21　三视图投影

（1）主视图投影变换矩阵　将物体向正面（V 面）投影，即令 $y=0$，变换矩阵为

$$T_V = \begin{bmatrix} 1 & 0 & 0 & 0 \\ 0 & 0 & 0 & 0 \\ 0 & 0 & 1 & 0 \\ 0 & 0 & 0 & 1 \end{bmatrix}$$

点在 V 面上投影的坐标变换为

$$\begin{bmatrix} x & y & z & 1 \end{bmatrix} T_V = \begin{bmatrix} x & 0 & z & 1 \end{bmatrix} = \begin{bmatrix} x' & y' & z' & 1 \end{bmatrix}$$

（2）俯视图变换矩阵

① 将物体向水平面（H 面）投影，即令 $z=0$。

② 投影图绕 x 轴顺时针旋转 $90°$，使其与 V 面共面。

③ 沿 $-z$ 方向平移一段距离，以使 H 面投影和 V 面投影之间保持一段距离，变换矩阵为

$$\begin{aligned}
T_H &= \begin{bmatrix} 1 & 0 & 0 & 0 \\ 0 & 1 & 0 & 0 \\ 0 & 0 & 0 & 0 \\ 0 & 0 & 0 & 1 \end{bmatrix}\begin{bmatrix} 1 & 0 & 0 & 0 \\ 0 & \cos(-90°) & \sin(-90°) & 0 \\ 0 & -\sin(-90°) & \cos(-90°) & 0 \\ 0 & 0 & 0 & 1 \end{bmatrix}\begin{bmatrix} 1 & 0 & 0 & 0 \\ 0 & 1 & 0 & 0 \\ 0 & 0 & 1 & 0 \\ 0 & 0 & -n & 1 \end{bmatrix} \\
&= \begin{bmatrix} 1 & 0 & 0 & 0 \\ 0 & 0 & -1 & 0 \\ 0 & 0 & 0 & 0 \\ 0 & 0 & -n & 1 \end{bmatrix}
\end{aligned}$$

（3）侧视图变换矩阵

① 将物体向侧面（W 面）正投影，即令 $x=0$。

② 绕 z 轴逆时针旋转 $90°$，使投影图与 V 面共面。

③ 沿 $-x$ 方向平移一段距离，以使 W 面投影和 V 面投影之间保持一段距离，变换矩阵为

$$\begin{aligned}
T_W &= \begin{bmatrix} 0 & 0 & 0 & 0 \\ 0 & 1 & 0 & 0 \\ 0 & 0 & 1 & 0 \\ 0 & 0 & 0 & 1 \end{bmatrix}\begin{bmatrix} \cos90° & \sin90° & 0 & 0 \\ -\sin90° & \cos90° & 0 & 0 \\ 0 & 0 & 1 & 0 \\ 0 & 0 & 0 & 1 \end{bmatrix}\begin{bmatrix} 1 & 0 & 0 & 0 \\ 0 & 1 & 0 & 0 \\ 0 & 0 & 1 & 0 \\ -1 & 0 & 0 & l \end{bmatrix} \\
&= \begin{bmatrix} 0 & 0 & 0 & 0 \\ -1 & 0 & 0 & 0 \\ 0 & 0 & 1 & 0 \\ -l & 0 & 0 & 1 \end{bmatrix}
\end{aligned}$$

2.5.2　正轴测投影

三视图虽然可以反映物体的很多信息，但有时在三视图上，单从某一方向很难想象物体的三维形状。这时常需要补充一张能同时反映多个面的正轴测图。正轴测图具有一定的立体效果，模型中的平行线仍然能够保持平行。但是要注意，正轴测图不等于三维图形，它只是具有三维显示效果的二维投影图。三视图与正轴测图如图 2-22 所示。

（1）正轴测投影步骤　能够得到正轴测图的投影方法叫做正轴测投影，它包括以下三个基本步骤。

① 将三维立体绕某一坐标轴旋转一角度。

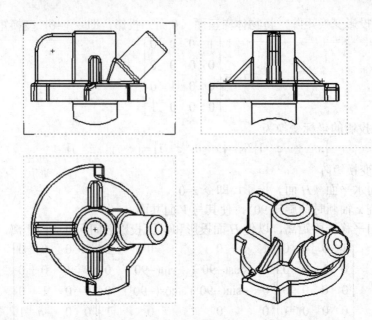

图 2-22　三视图与正轴测图

② 再绕另一坐标轴旋转一角度。

③ 向包含这两个坐标轴的平面作正投影，即得正轴测图。

（2）正轴测投影变换矩阵　上述正轴测投影步骤使坐标系和投影方向的选择很大程度上影响生成的投影变换矩阵。下面举一个求正轴测图的投影变换矩阵的例子，将正轴测图的形成步骤具体化，如图 2-23 所示。

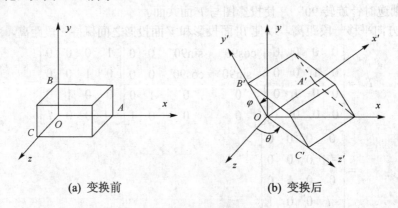

(a) 变换前　　　　　　(b) 变换后

图 2-23　正轴测投影

① 将三维立体绕 y 轴逆时针旋转 θ 角。

$$变换矩阵\quad R_y = \begin{bmatrix} \cos\theta & 0 & -\sin\theta & 0 \\ 0 & 1 & 0 & 0 \\ \sin\theta & 0 & \cos\theta & 0 \\ 0 & 0 & 0 & 1 \end{bmatrix}$$

② 再将立体绕 x 轴旋转 φ 角。

$$变换矩阵 \quad R_x = \begin{bmatrix} 1 & 0 & 0 & 0 \\ 0 & \cos\varphi & \sin\varphi & 0 \\ 0 & -\sin\varphi & \cos\varphi & 0 \\ 0 & 0 & 0 & 1 \end{bmatrix}$$

③ 最后将立体向 xOy 面作正投影。

$$变换矩阵 \quad T_z = \begin{bmatrix} 1 & 0 & 0 & 0 \\ 0 & 1 & 0 & 0 \\ 0 & 0 & 0 & 0 \\ 0 & 0 & 0 & 1 \end{bmatrix}$$

正轴测图的投影变换矩阵为上述三个变换矩阵的级连组合，即

$$T_{正} = R_y R_x T_z = \begin{bmatrix} \cos\theta & \sin\theta\sin\varphi & 0 & 0 \\ 0 & \cos\varphi & 0 & 0 \\ \sin\theta & -\cos\theta\sin\varphi & 0 & 0 \\ 0 & 0 & 0 & 1 \end{bmatrix} \tag{2-28}$$

（3）常用正轴测图　由正轴测图的投影变换矩阵的表达式，即式（2-28）可见，不同的旋转角度 θ、φ，将得到不同的正轴测图。常用的正轴测图有正二轴测图和正等轴测图。

① 正二轴测图。x、y、z 轴中有两个轴向伸缩系数相同的正轴测投影称为正二轴测投影，所得到的正轴测图叫做正二轴测图。原本三个方向等长的立方体，经过正二轴测投影后所得视图如图 2-24（a）所示。

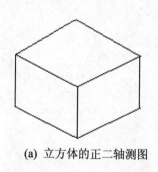　　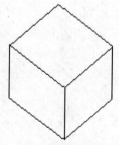

(a) 立方体的正二轴测图　　　　　　　　(b) 立方体的正等轴测图

图 2-24　立方体的两种正轴测投影

② 正等轴测图。x、y、z 轴三个轴向伸缩系数均相同（$\eta_x = \eta_y = \eta_z$）的正轴测投影称为正等轴测投影，所得到的正轴测图叫做正等轴测图，即图形作正轴测投影后，x、y、z 三个方向长度缩放率一样。原本三个方向等长的立方体，经过正等轴测投影后所得视图如图 2-24（b）所示。

设 A、B、C 分别是 x、y、z 轴上与原点距离为单位长度的点，将式（2-28）所示的正轴测投影变换矩阵 $T_{正}$ 带入运算式，求变换后 A、B、C 三点的坐标，得 x 轴上 A 点 $[1\ 0\ 0\ 1]$ 变换后为：

$$[1\ 0\ 0\ 1]T_{正} = [\cos\theta\ \ \sin\theta\ \ \sin\phi\ \ 0\ \ 1] \tag{2-29}$$

y 轴上 B 点 $[0\ 1\ 0\ 1]$ 变换后为：

$$[0\ 1\ 0\ 1]T_{正} = [0\ \ \cos\varphi\ \ 0\ \ 1] \tag{2-30}$$

z 轴上 C 点 $[0\ 0\ 1\ 1]$ 变换后为：

$$[0 \quad 0 \quad 1 \quad 1]T_{正} = [\sin\theta \quad -\cos\theta \quad \sin\varphi \quad 0 \quad 1] \tag{2-31}$$

按正等轴测投影的要求，原用户坐标系中 x、y 和 z 方向单位长度的投影长度应相等，即

$$\begin{cases} \sqrt{\cos^2\theta + \sin^2\theta\sin^2\varphi} = \cos\varphi \\ \sqrt{\sin^2\theta + \cos^2\theta\sin^2\varphi} = \cos\varphi \end{cases}$$

解上面的方程组得：$\sin\theta = \dfrac{\sqrt{2}}{2}$，$\cos\theta = \dfrac{\sqrt{2}}{2}$，$\sin\varphi = \dfrac{\sqrt{3}}{3}$，$\cos\varphi = \dfrac{\sqrt{6}}{3}$，将其带入正轴测投影变换矩阵 $T_{正}$，即得到正等轴测投影变换矩阵 $T_{正等}$

$$T_{正等} = \begin{bmatrix} 0.7017 & 0.4083 & 0 & 0 \\ 0 & 0.8166 & 0 & 0 \\ 0.7017 & -0.4083 & 0 & 0 \\ 0 & 0 & 0 & 1 \end{bmatrix}$$

第3章 图形技术基础

3.1 坐标系

正如第 2 章提到的，组成图形的基本元素是点，而点是定义在一定坐标系中的。在图形系统中使用的坐标系是直角坐标系（也称笛卡儿坐标系）。

3.1.1 世界坐标系

世界坐标系（world coordinate system，WCS）是一个符合右手规则的直角坐标系，也是最常用的一种坐标系。世界坐标系用来定义二维或三维世界中的物体，因此也称为用户坐标系（user coordinate system），有二维和三维两种坐标表示，分别用来定义二维图形和三维物体，如图 3-1 所示。世界坐标系是无限大且连续的，即世界坐标系的定义域为实数域。

(a) 二维坐标系   (b) 三维坐标系

图 3-1 世界坐标系

3.1.2 设备坐标系

设备坐标系(device coordinate system，DCS)是图形输出设备自身的坐标系，所以又称物理坐标系，例如显示器、绘图仪等自身的坐标系。对于目前的平面图形输出设备，设备坐标系是一个二维平面坐标系，其度量单位根据具体设备而不同，如绘图仪的度量单位是步长，而显示器的度量单位是像素。与世界坐标系不同，设备坐标系的定义域和设备相关，是整数域且有界，例如，显示器的分辨率是有限的，如分辨率为 1024×768 的显示器，其屏幕坐标界限范围：x 方向为 0～1023，y 方向为 0～767；分辨率为 1280×800 的显示器，其屏幕坐标界限范围：x 方向为 0～1279，y 方向为 0～799。

3.1.3 规格化设备坐标系

引入规格化设备坐标系（normalized device coordinate system，NDC）的主要原因是世界坐标系和设备坐标系本身具有非一致性。由于用户图形定义在用户坐标系（世界坐标系）里，而图形的输出定义在设备坐标系里，它依赖于具体的设备。不同的图形输出设备具有不同的设备坐标系，如图形显示器使用屏幕坐标系，绘图仪使用绘图坐标系。即使同一类图形输出设备，其坐标界限范围（定义域）也可能不同，如上面提到不同分辨率的显示器，其定义域是不同的。这种非一致性要求应用程序必须与具体的图形输出设备有关，同一程序如果更换了图形输出设备，就有可能出错，这种状况对于图形处理及应用程序的移植非常不利。为了解决这一问题，引入了与具体设备无关的规格化设备坐标系。

规格化设备坐标系是一个无量纲单位的中间坐标系，其取值范围为（0，0）～（1，1）。用规格化设备坐标系替代具体设备坐标系，将应用程序与图形输出设备隔开，即用户图形在用户坐标系定义后，图形数据统一转换成规格化设备坐标系中的值，输出图形时再转换为具体设备坐标系中的值。这一过程见图 3-2，采用这种方法，切断了应用程序与具体图形输出设备的直接联系，提高应用程序的可移植性。

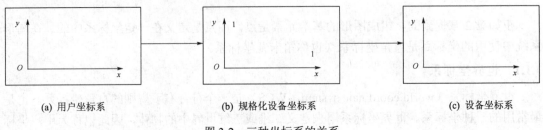

(a) 用户坐标系　　　　　　(b) 规格化设备坐标系　　　　　　(c) 设备坐标系

图 3-2　三种坐标系的关系

3.2　观察变换

3.2.1　窗口和视区

（1）窗口　在计算机图形学中，为了把图形在屏幕上显示出来，必须将图形由用户坐标系转换到设备坐标系上，在转换之前必须先要确定显示哪一部分图形信息。采用矩形区域来框选需要显示的内容，这个矩形区域在计算机图形学中称为窗口（window）。

所谓窗口，是指在用户坐标系中定义的，用来确定显示内容的一个矩形区域，只有在这个区域内的图形才能在设备坐标系下输出。窗口的位置和大小可由矩形的两个角点来定义，通常用左下角点（W_{xl}，W_{yb}）和右上角点（W_{xr}，W_{yt}），如图 3-3 所示。

（2）视区　视区（viewport）是在设备坐标系(通常是屏幕)中定义的一个矩形区域，用于输出窗口中的图形。视区的位置和大小也可由矩形的左下角点（V_{xl}，V_{yb}）和右上角点（V_{xr}，V_{yt}）来定义，如图 3-4 所示。视区是一个有限的整数域，它决定了窗口中的图形要显示于屏幕中的位置和大小。通常视区小于或等于屏幕区域，这样做的好处是可以在同一屏幕上开不同的视区，从不同角度显示同一图形，图 3-5 示出的屏幕开设了 4 个视区，分别显示 3 个正投影视图和 1 个轴测投影图。

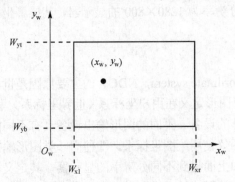

图 3-3　用户坐标系中的窗口

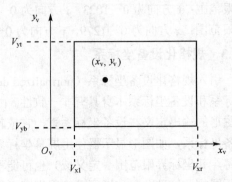

图 3-4　设备坐标系中的视区

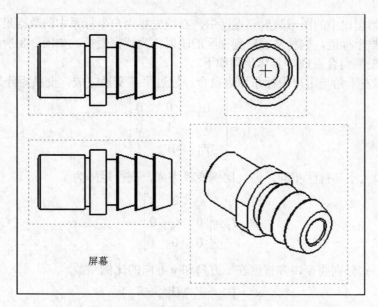

图 3-5　屏幕开设多个视区

（3）窗口和视区的变化　通过调整窗口，可以调整视区。通过调整视区，可以调整窗口中已选定图形在屏幕中显示的位置和大小，图 3-6、图 3-7 给出了两个对比例子。

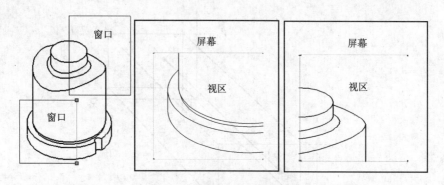

图 3-6　不同窗口，相同视区

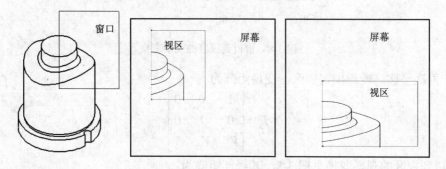

图 3-7　相同窗口，不同视区

3.2.2　观察变换

由于窗口和视区是分别在两个坐标系中定义的矩形区域，因此，要想在视区中输出窗口中的图形,即将窗口中的图形映射到视区中,必须先将用户坐标系中的数据坐标值转化为设备坐标系的数据坐标值,这种从窗口到视区的映射称为观察变换。如图 3-8 所示的观察变换可以通过基本变换组合而成,具体步骤如下。

① 使窗口左下角与用户坐标系原点重合。通过平移变换完成,变换矩阵为

$$T_1 = \begin{bmatrix} 1 & 0 & 0 \\ 0 & 1 & 0 \\ -W_{\mathrm{xl}} & -W_{\mathrm{yb}} & 1 \end{bmatrix}$$

② 使窗口大小与视区相同。通过比例变换完成,变换矩阵为

$$T_2 = \begin{bmatrix} s_x & 0 & 0 \\ 0 & s_y & 0 \\ 0 & 0 & 1 \end{bmatrix}$$

式中,s_x、s_y 分别为窗口和视区在 x 方向和 y 方向的比例系数。

$$s_x = (V_{\mathrm{xr}} - V_{\mathrm{xl}})/(W_{\mathrm{xr}} - W_{\mathrm{xl}})$$
$$s_y = (V_{\mathrm{yt}} - V_{\mathrm{yb}})/(W_{\mathrm{yt}} - W_{\mathrm{yb}})$$

注意:若要窗口到视区的变换过程中图形不出现失真现象,必须保证使窗口和视区的高度与宽度的比例相同,即 $s_x = s_y$。

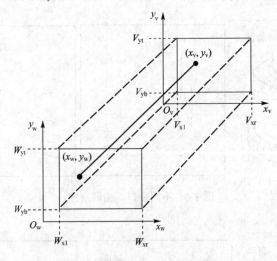

图 3-8   窗口到视区的观察变换

③ 再次平移,转到指定视区。变换矩阵为

$$T_3 = \begin{bmatrix} 1 & 0 & 0 \\ 0 & 1 & 0 \\ V_{\mathrm{xl}} & V_{\mathrm{yb}} & 1 \end{bmatrix}$$

窗口到视区的观察变换见图 3-8,其级连矩阵为:

$$T = T_1 T_2 T_3 = \begin{bmatrix} s_x & 0 & 0 \\ 0 & s_y & 0 \\ V_{\mathrm{xl}} - W_{\mathrm{xl}}s_x & V_{\mathrm{yb}} - W_{\mathrm{yb}}s_x & 1 \end{bmatrix}$$

3.3　图形裁剪原理

在使用计算机处理图形信息时，计算机内部存储的图形往往比较大，而屏幕显示的只是图的一部分。因此需要确定图形中哪些部分落在视区之内，哪些落在视区之外，以便把窗口内的图形信息输出，而窗口外的部分不输出。这种选择可见信息，即识别图形在窗口内还是在窗口外的过程称为裁剪。裁剪分二维裁剪和三维裁剪，其中二维裁剪又分为直线段裁剪和多边形裁剪。二维裁剪是三维裁剪的基础，本章重点讲述二维裁剪。首先讨论点的裁剪。

3.3.1　点的裁剪

点裁剪是最简单的一种，也是裁剪其他元素的基础。由于任何图形都能看做是点的集合，理论上点的裁剪可以处理任何图形的裁剪问题。

窗口的左下角、右上角点分别为（W_{xl}，W_{yb}）和（W_{xr}，W_{yt}），若点 $P(x, y)$ 满足

$$W_{xr} \geqslant x \geqslant W_{xl}$$
$$W_{yt} \geqslant y \geqslant W_{yb}$$

则点 $P(x, y)$ 在窗口内，判为可见；否则说明点在窗口外，判为不可见。

3.3.2　二维直线段的裁剪

（1）端点情况　直线段相对于窗口来说，其端点可能有以下四种情况。

① 直线段两个端点均在窗口内（见图 3-9 中线段 a），完全可见。

② 直线段两个端点在窗口外且与窗口有交点（见图 3-9 中线段 b），部分可见。

③ 直线段两个端点在窗口外且与窗口不相交（见图 3-9 中线段 c、d），不可见。

④ 直线段一个端点在窗口内，另一个端点在窗口外（见图 3-9 中线段 e），部分可见。

（2）编码裁剪算法　点裁剪虽然理论上适用于任意图形，但是实际上裁剪算法效率是非常关键的，将图形离散成点，再逐点裁剪这种算法效率太低，没有实用价值。对于直线段的编码裁剪算法是比较有效的算法，编码裁剪算法最早是由 Dan Cohen 和 Ivan Sutherland 提出的，所以又叫 Cohen-Sutherland 裁剪算法。该算法的思想是：对于一条线段 L，分为三种情况处理：若 L 完全在窗口内，则显示该线段，简称"取"；若明显在窗口外，则丢弃该线段，简称"弃"；

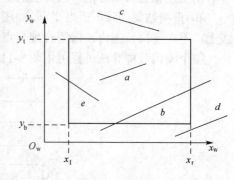

图 3-9　端点情况

若线段 L 既不满足"取"的条件，也不满足"弃"的条件，则在交点处把线段分为两段，其中一段完全在窗口外，可"弃"，然后对另一段重复上述处理。下面具体介绍编码裁剪算法步骤。

① 首先用窗口边框延长线将平面划分成 9 个区。

② 每个区用 4 位二进制代码表示，线段端点按所在区域编码。编码规则如下：

第一位	第二位	第三位	第四位	
上	下	右	左	
*	*	*	*	真取 1，伪取 0

按照步骤①、②对平面进行分区及编码，结果见图 3-10。

③ 对直线两端点按位进行逻辑"与"运算，例如线段 a 的两端点按位逻辑"与"：$0000 \wedge 0000=0000$；线段 b 的两端点按位逻辑"与"：$0100 \wedge 0010=0000$；线段 c 的两端点按位逻辑"与"：$1000 \wedge 1010=1000$；线段 d 的两端点按位逻辑"与"：$0100 \wedge 0010=0000$；线段 e 的两端点按位逻辑"与"：$0001 \wedge 0000=0000$。

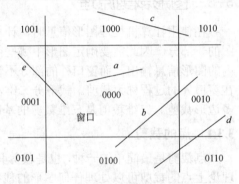

图 3-10　平面分区与编码

④ 进行初判断。两端点编码均为"0000"，判为完全可见，如线段 a；两端点编码按位逻辑"与"为非零，必不可见，如线段 c。

⑤ 在剔除两端点编码均为"0000"和编码按位逻辑"与"为非零的情况后，其余转入求交处理。直线段两端点为 $P_1(x_1, y_1)$ 和 $P_2(x_2, y_2)$，窗口四条边界线为 x_1、x_r、y_b、y_t，根据端点位置，可以求出直线与窗口边界线的交点 (x, y)。

直线段斜率　　　　　　　　　$m=(y_2-y_1)/(x_2-x_1)$

左端点：$x=x_1$，$y=y_1+m(x_1-x_1)$，$m \neq \infty$。

右端点：$x=x_r$，$y=y_1+m(x_r-x_1)$，$m \neq \infty$。

上端点：$y=y_t$，$x=x_1+(y_t-y_1)/m$，$m \neq 0$。

下端点：$y=y_b$，$x=x_1+(y_b-y_1)/m$，$m \neq 0$。

由上述算式可以看出，该算法的主要计算过程只用到简单数学运算，比较易于实现。

⑥ 根据结果剔除不适当交点，如图 3-9 中的直线段 d 与窗口的两交点都在窗口边线延长线上，不在窗口范围内。保留合理交点间连线或合理交点与内部端点连线。

整个编码裁剪算法过程可用图 3-11 表示。

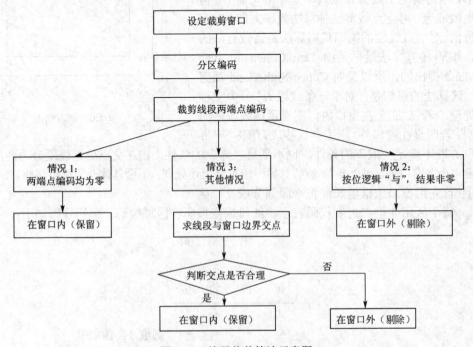

图 3-11　编码裁剪算法示意图

（3）中点分割裁剪算法　与前一种 Cohen-Sutherland 裁剪算法一样，中点分割裁剪算法首先对线段端点进行编码，并把线段与窗口的关系分为三种情况：完全在窗口内，则显示该线段；明显在窗口外，则丢弃该线段；其他情况。对前两种情况，和编码裁剪算法进行一样的处理。对于第三种情况，用中点分割的方法求出线段与窗口的交点。

例如图 3-12，从 P_1 出发找最近可见点 P_2，进行中点分割。

① 先求出 P_1P_2 的中点 P_m，若 P_1P_m 不是显然不可见的，并且 P_1P_2 在窗口中有可见部分，则距 P_1 最近的可见点一定落在 P_1P_m 上，用 P_1P_m 代替 P_1P_2。

② 否则取 P_mP_2 代替 P_1P_2。

③ 对新的 P_1P_2 求中点 P_m。

④ 重复上述①、②、③步，直到 P_1P_m 长度小于给定的控制常数 ε 为止，此时 P_m 收敛于交点。

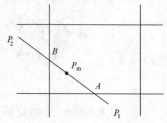

图 3-12　中点分割裁剪算法

通过这种方法，可以从 P_1 点出发，找出距 P_1 最近的可见点 A 和从 P_2 点出发，找出距 P_2 最近的可见点 B，两个可见点之间的连线即为线段 P_1P_2 的可见部分。和 Cohen-Sutherland 裁剪算法采用加减乘除不同，这种算法只要做加法和除 2 的运算，而除 2 在计算机中可以简单地用右移一位来完成。因此该算法特别适合用硬件来实现，运算速度更快。

3.4　消隐

3.4.1　消隐现象

显示设备的显示平面是二维的，在用显示设备描述物体的图形时，必须把三维信息经过某种投影变换，才能在二维平面上显示出来。由于投影变换失去了深度信息，往往导致图形的多义性。图 3-13（a）示出的是单个立方体投影到平面上的线框图，这是一幅没有经过消隐的图，对这张图可能出现图 3-13（b）和图 3-13（c）两种理解，即图形出现了二义性。图 3-13 只是对单个简单图形的理解偏差，如果图形稍微复杂或者多个图形重叠，不做消隐处理将会严重影响对图形的正确理解。图 3-14 示出的是消隐前后的图形。

要消除二义性，就必须在绘制时消除被遮挡的不可见的线或面，习惯上称做消除隐藏线和隐藏面，简称为消隐。

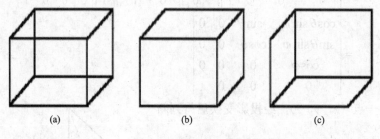

（a）　　　　　　　　（b）　　　　　　　　（c）

图 3-13　图形的二义性

3.4.2　消隐算法中的测试方法

消隐算法是将一个或多个三维物体模型转换成屏幕上显示的二维可见图形，并消除隐藏线、隐藏面的算法。目前，消隐算法有很多种，但无论是哪种算法，都会包括一些基本的测试方法。

① 用来将三维物体转变为二维图形的投影变换。

② 用来检查两个多边形是否重叠的重叠测试（也叫最小最大测试或边界盒测试）。

（a）消稳前　　（b）消隐后　　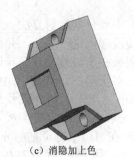（c）消隐加上色

图 3-14　图形的消隐

③ 用来检查一个给定的点是否位于给定多边形或多面体内部的包含性测试。

④ 用来测定一个物体是否遮挡另外物体的深度测试。

⑤ 用来确定图形中可见部分的可见性测试。

在具体应用中常常要用到上述各组消隐测试的组合，也正是这种组合，使各种消隐算法有所不同。下面介绍单个凸多面体消隐算法中的基本测试方法。

（1）投影变换　用于将三维物体转变为二维图形。如图 3-15 所示，设 O 点为观察点，假设视线垂直于屏幕，则立体需要投影到垂直于 $S_1 O$ 的平面上显示。这个过程可以由三个简单图形变换组合而成。

① 绕 z 轴旋转 $-\theta°$。

② 绕 y 轴旋转 $-(90-\varphi)°$。

③ 向 xOy 面作正投影。

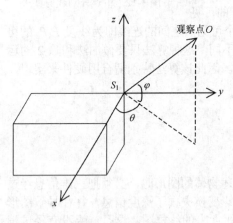

图 3-15　投影变换

对应的图形变换矩阵为：

$$T = \begin{bmatrix} \cos\theta & -\sin\theta & 0 & 0 \\ \sin\theta & \cos\theta & 0 & 0 \\ 0 & 0 & 1 & 0 \\ 0 & 0 & 0 & 1 \end{bmatrix} \begin{bmatrix} \sin\varphi & 0 & \cos\varphi & 0 \\ 0 & 1 & 0 & 0 \\ -\cos\varphi & 0 & \sin\varphi & 0 \\ 0 & 0 & 0 & 1 \end{bmatrix} \begin{bmatrix} 1 & 0 & 0 & 0 \\ 0 & 1 & 0 & 0 \\ 0 & 0 & 0 & 0 \\ 0 & 0 & 0 & 1 \end{bmatrix}$$

$$= \begin{bmatrix} \cos\theta\sin\varphi & -\sin\theta & 0 & 0 \\ \sin\theta\sin\varphi & \cos\theta & 0 & 0 \\ -\cos\varphi & 0 & 0 & 0 \\ 0 & 0 & 0 & 1 \end{bmatrix}$$

空间上任一点 (x, y, z)，经投影变换后得到新的坐标 (X, Y)

$$X = x\cos\theta\sin\varphi + y\sin\theta\sin\varphi - z\cos\varphi$$

$$Y = -x\sin\theta + y\cos\theta$$

（2）可见性测试　在介绍单个凸多面体的可见性测试前，先介绍两个矢量。

表面外法矢：垂直某平面，并指向平面外的矢量，如图 3-16 中的矢量 N 为面 F 的表面外法矢。

观察方向矢量：通过观察点和表面上任一点，指向观察点的矢量，如图 3-16 中的 V。

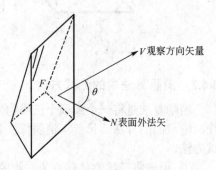

图 3-16　表面外法矢与观察方向矢量

当观察方向矢量和表面外法矢重合，即 $\theta=0°$ 时，视线垂直于表面，表面可见。

随着观察方向矢量慢慢偏离表面外法矢，即 θ 增大，视线从垂直于表面慢慢变为倾斜于表面，表面依然可见；观察方向矢量偏离到与表面外法矢垂直，即 $\theta=90°$ 时，可见的表面变为一条线；θ 继续增大，观察方向矢量位于 F 面的另一侧，被其他面挡住，表面不可见。

因此，表面可见条件可以写成：$0°\leqslant\theta\leqslant90°$。

设表面外法矢 N (n_1, n_2, n_3)，观察方向矢量 V (v_1, v_2, v_3)，根据两矢量点积

$$NV = |N||V|\cos\theta$$

$$NV = n_1v_1 + n_2v_2 + n_3v_3$$

$$\therefore \theta = \arccos\frac{n_1v_1 + n_2v_2 + n_3v_3}{|N||V|}$$

$\because |N||V| > 0$，$\therefore$表面可见的判断准则为：

$$n_1v_1 + n_2v_2 + n_3v_3 \geqslant 0$$

对于单个凸多面体模型，通过上述的投影变换，可以实现将三维物体转换成平面图形的过程。再根据表面可见的判断准则，显示满足判断准则的面的边线；对于不满足判断准则的面，则不绘出其边线或用虚线绘出，从而实现了单个凸多面体的消隐。

第4章　产品几何建模技术

现实世界的物体可以采用二维或三维方法来描述，过去由于受到计算机硬件和软件的限制，设计工程师多以二维投影视图的方式来描述三维物体。而事实上，三维几何系统可以更加真实、清晰、完备地描述物体。现在，随着计算机硬件技术的发展、图形表示方法的日益完善、通用计算机图形软件的日益普及，越来越多的生产设计部门开始使用三维建模技术进行数字化设计，将现实的物理模型转化为数字模型，如图 4-1 所示为两种齿轮零件的三维模型。

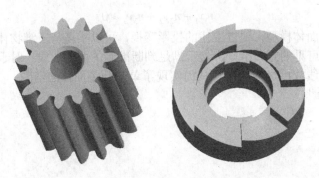

图 4-1　三维零件模型

利用三维建模技术建立产品模型，实现三维数字化产品定义（digital product definition, DPD）、三维数字化预装配（digital pre-assembly, DPA）是异地无纸化设计、虚拟制造等的基本手段，其应用已经越来越广泛，例如在汽车行业，过去以二维图纸设计，而现在的汽车设计包括总体设计、零部件设计及工装设计，大部分都采用了三维数字设计。许多复杂曲面用二维图纸很难描述清楚，使用三维模型可以极大地方便设计和加工环节的沟通。更重要的是现代 CAM、CAE 技术直接利用三维模型进行后续处理，使三维模型贯穿着产品整个生命周期，充分地发挥出它的优势。目前，三维（化）产品建模技术代表了 CAD 建模技术的发展主流，本章将重点讲述产品建模技术中几何建模的基本概念和基本方法。

4.1　产品建模技术演变与 CAD 核心建模技术

产品建模技术演变发展主要经历了以下三个阶段。

（1）第一个阶段：几何建模（geometry modeling）　几何建模技术是一种研究在计算机中如何表达物体模型形状的技术。CAD/CAM 系统对最终产品描述的诸多信息中，最基本的是形状信息。自 20 世纪 60 年代以来，展开了关于产品形状信息的描述和处理的大量研究工作。由于几何建模技术研究的迅速发展和计算机硬件性能的大幅度提高，已经出现了许多以几何建模作为核心的实用化系统，在航空航天、汽车、造船、机械、建筑和电子等行业得到了广泛的应用。在几何建模技术的发展过程中，先后产生了三种几何模型。

① 线框模型（wireframe model）。线框模型是最早用来表示物体的模型，见图 4-2，它用顶点和棱边来表示物体。所描述的对象是线段、圆、弧及一些简单的曲线。由于没有面的信息，因此不能表示表面含有曲面的物体，也不能生成消隐图、明暗色彩图，不能用于数控加

工等。另外，线框模型不能明确定义给定点与物体之间的关系，因此线框模型无法生成剖切图。线框模型的这些不足使其应用范围受到了很大的限制。

② 表面模型（surface model）。表面模型出现于 20 世纪 70 年代中期，表面模型在线框模型（即三维形体顶点、边的信息）的基础上增加了物体中面的信息，用面的集合来表示物体，并用环来定义面的边界。

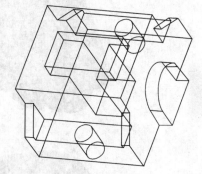

图 4-2　线框模型

表面模型的产生归因于汽车与航空工业的迅猛发展。汽车和飞机制造中遇到的大量自由曲面问题，在当时只能用多截面视图和特征纬线的方法来解决，在制造上依赖油泥模型来近似模拟曲面，因而人们开始研究新的、更先进的描述曲面的方法。利用表面模型，可以描绘复杂的曲面，图 4-3（a）给出了一个曲面的表面模型。表面模型的出现极大地促进了汽车、造船、航空工业的发展，表面模型在工程中的广泛应用推动了 CAD 技术在工业上的应用。同时，由于表面模型比线框模型增加了有关面、边（环、边）的信息以及表面特征、棱边的连接方向等内容，使在 CAD 阶段建立的模型数据在 CAM 阶段可用，从而也极大地促进了计算机辅助制造技术的发展。

表面模型扩大了线框模型的应用范围，能够满足面面求交、线面消隐、明暗色彩图、数控加工等需要。但在该模型中，只有一张张面的信息，物体究竟存在于表面的哪一侧，并没有给出明确的定义，如图 4-3（b）所示，且表面模型无法确定物体质点在面的哪一侧，无法计算和分析物体的整体性质，如物体体积、重心等，也不能将这个物体作为一个整体去考察它与其他物体相互关联的性质。

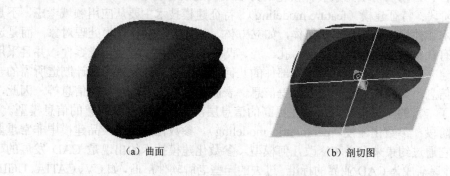

（a）曲面　　　　　　　　　　　　（b）剖切图

图 4-3　表面模型

③ 实体模型（solid model）。实体模型出现于 20 世纪 70 年代后期，随着计算机辅助工程分析(CAE)的需求日益高涨，CAE 要求能获得形体的完整信息，而线框模型和表面模型对形体的表述都不完整，在此背景下提出了实体模型。实体模型描述了三维形体的顶点、边、面、体的信息，提供了关于三维形体的完整几何形状信息（形状信息）。实体模型可以无歧义地确定一个点是在物体外部、内部还是表面上，比如图 4-4（a）示出的实体模型和图 4-3（a）示出的表面模型外观、形状、尺寸都一样，好像没什么区别，但是将实体模型剖切后就会清晰地看到两者的不同。实体模型剖切后，可以看到内部质点构成的面（即模型是实心的），见图 4-4（b）和图 4-4（c），而表面模型即使是封闭的，内部也没有质点信息（即模型是空心的），见图 4-3（b）。因此实体模型进一步满足了物性计算、有限元分析等应用的要求。

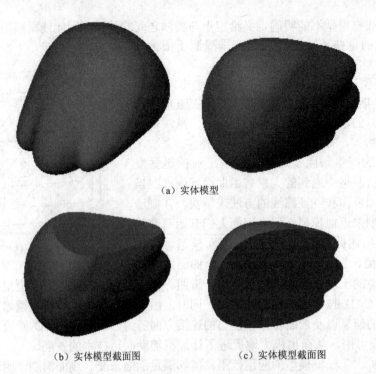

(a) 实体模型

(b) 实体模型截面图   (c) 实体模型截面图

图 4-4   实体模型

同时应当明确，虽然实体模型比表面模型描述的信息完整，但是表面建模技术在构建具有复杂曲面外观的零件时仍然是最重要的方法。实际操作上往往采用先构建复杂表面模型，对表面进行缝合、封闭后再填充成实体模型的方法来构建具有复杂表面的实体模型。

（2）第二阶段：特征建模（feature modeling） 特征建模技术主要从应用领域考虑，不是像几何建模技术那样将抽象的基本几何体，如立方体、球体、圆锥体作为处理对象，而是选用对设计制造有意义的特征形体，如槽、孔、壳、凸台等作为基本单元构成零件，并且采用特征建模技术建立的模型，不仅包括了零部件的几何形状信息，还包括了设计制造所需的一些非几何形状信息，如材料信息、尺寸公差信息、表面粗糙度信息、热处理信息等。因此，特征模型包含了丰富的工程语义，可以在更高的信息层次上形成零部件完整的信息模型。

（3）第三阶段：参数化建模（parametric modeling） 参数化建模是产品建模中非常重要的一项技术，它通过约束来定义和修改几何模型。参数化建模技术的出现是 CAD 发展的一个巨大进步，并逐渐成为 CAD 业界的标准。过去的一些老牌软件厂商，如 CV、CATIA、UGII、EUCLID 迫于市场的压力，纷纷采用参数化建模技术，但由于它们在原来的非参数化模型的基础上已开发集成了许多其他应用软件，如 CAM、PIPING 和 CAE 等，在 CAD 方面也做了许多应用模块开发，不可能重新开发一套完全参数化的建模系统。因此它们采用的参数化建模系统，基本上是在原有模型基础上进行局部、小块的修补而形成的所谓的"混合建模"系统。

（4）第四阶段：产品结构建模（product structural modelling） 利用 CAD 几何建模和特征建模技术建立的信息模型，是面向零件的模型。而产品结构建模是对产品从零件、部件到总装的完整信息的描述，是一种面向装配的建模技术。这种技术将产品从概念设计到制造成最终产品的全过程在计算机上用统一的数字和图形模型给予全面描述，它集成零件、部件和装配的全部可用信息，可被所有相关的设计部门、设计者、组织管理部门和最终的生产者所使用，为实现企业级的协同、并行设计提供信息共享。图 4-5 给出了一个具有装配信息的产品结构模型。

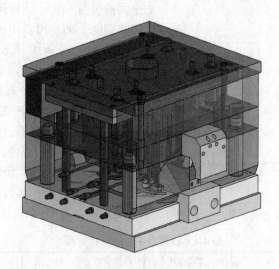

图 4-5　产品结构模型

图 4-6 反映了产品建模技术发展趋势以及各核心建模技术投入应用的大致时间。值得注意的是，后一阶段建模技术往往不是对前一阶段建模技术的舍弃，而是在前阶段基础上的补充和完善。事实上，目前流行的商用 CAD 软件，如 Solidworks、Pro/E、UG 等都能很好地将 CAD 各核心建模技术融合在一起，都是参数化特征建模实体造型软件。

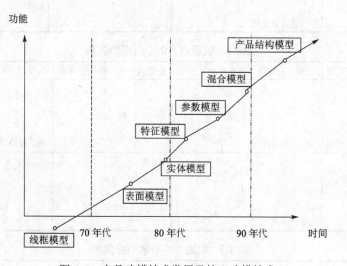

图 4-6　产品建模技术发展及核心建模技术

4.2　几何建模基础知识

4.2.1　几何信息和拓扑信息

形体的几何信息和拓扑信息是完整表达形体的两种信息，彼此相互独立，又相互关联。

（1）几何信息（geometry）　指构成几何实体的各几何元素（平面或曲面、直线或曲线、点）在空间的位置和大小。几何信息可以用数学方法描述，例如空间上的点可以用 (x, y, z) 来表示；平面可以用方程 $ax+by+cz+d=0$ 来表示。

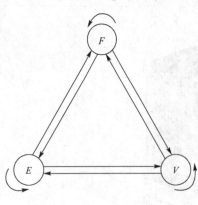

图 4-7　平面立体的拓扑关系图

（2）拓扑信息（topology）　指构成几何实体的各几何元素的数目和相互连接关系。拓扑关系所指的几何元素有三种，它们是面（F 或 f）、边（简称 E 或 e）、顶点（简称 V 或 v）。这三种几何元素在几何信息术语里称为平面或曲面、直线或曲线和点，它们有多种可能的连接关系。以平面立体为例，其顶点、边、面的连接关系共有九种，见图 4-7，具体的九种关系见表 4-1、表 4-2 和表 4-3。

表 4-1　以面为中心的拓扑关系

以面为中心的拓扑关系	面与周边几何元素关系图	以面为中心的拓扑关系	面与周边几何元素关系图
$F: \{F\}$	面与面相邻性	$F: \{E\}$	面与边包含性
$F: \{V\}$	面与顶点包含性		

表 4-2　以顶点为中心的拓扑关系

以顶点为中心的拓扑关系	顶点与周边几何元素关系图	以顶点为中心的拓扑关系	顶点与周边几何元素关系图
$V: \{F\}$	顶点与面相邻性	$V: \{E\}$	顶点与边相邻性
$V: \{V\}$	顶点之间相邻性		

表 4-3　以边为中心的拓扑关系

以边为中心的拓扑关系	边与周边几何元素关系图	以边为中心的拓扑关系	边与周边几何元素关系图
$E: \{F\}$	边与面相邻性	$E: \{E\}$	边与边相邻性
$E: \{V\}$	边与顶点包含性		

应当注意，拓扑属于研究图形在形变与伸缩下保持不变的空间性质的一个数学分支，只关心图形元素的相对位置，而不问它的大小和形状。拓扑关系允许三维实体做弹性运动，实体可以伸张、扭曲。这种弹性运动允许三维实体上的点的位置发生改变，既不会将不同点合并成一个点，也不会因实体断裂而出现新点。只要几何元素的数量和连接关系不发生改变，图形的拓扑信息就不发生改变。两个形状和大小不一样的实体可能具有相同的拓扑关系，如图 4-8 所示的立方体和经网格划分后的圆柱体就具有相同的拓扑关系。

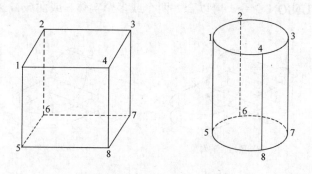

图 4-8　拓扑关系相同的实体

4.2.2　几何实体的定义

几何实体在计算机内通常采用五个层次的拓扑来定义，如果考虑壳，则为六层结构。各层定义如下。

① 体　由封闭表面围成的有效空间，它是实体拓扑结构中的最高层。

② 壳　由一组连续的面围成，分外壳和内壳。实体的边界称为外壳，如果壳所包围的空间是个空集，则为内壳。对于一个实体，至少由一个壳组成，也可由多个壳组成。

③ 面　几何实体表面的一部分，具有方向性。

④ 环　有序、有向边组成的面的封闭边界，分外环和内环，面积最大的外边界的环为外环，面中内孔或凸台边界的环称为内环。环中各条边不能自交，相邻两边共享一个端点。一个面至少由一个环（即外环）组成，也可由多个环组成。

⑤ 边　边是指实体中两个相邻面的交界。一条边由两个端点定界，分别称为该边的起点和终点。一条边只能有两个相邻面。

⑥ 顶点　边的端点，它是面中两条不共线线段的交点。

4.2.3　几何实体集合运算

集合运算是几何建模的基本运算方法，采用集合运算的目的是利用简单形体组成复杂形体，形体可以是二维的，也可以是三维的。

三维实体可由一些基本体素经集合运算构成，常见基本体素如图 4-9 所示。

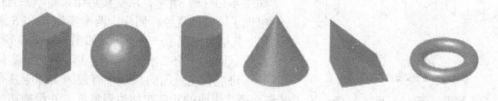

图 4-9　常见基本体素

（1）普通集合运算 设有两个体素 A 和 B，其集合运算定义如下。

① 交集（$C=A\cap B=B\cap A$）。指实体 C 包含所有 A、B 的共同点。

② 并集（$C=A\cup B=B\cup A$）。指实体 C 包含所有 A、B 的所有点。

③ 差集（$C=A-B$）。指实体 C 包含所有 A 减去 A、B 共同点后所剩的点。注意：$A-B\neq B-A$。

下面是 AutoCAD 软件中利用并集、差集和交集创建组合实体的实例，见图 4-10、图 4-11、图 4-12。

① 并集。使用 UNION 命令，可以合并两个或多个实体（或面域），构成一个组合对象，如图 4-10 所示。

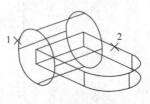 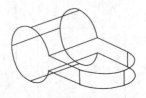

（a）要组合的对象　　　　　　　　　　（b）结果

图 4-10　并集
1，2—要组合的对象

② 差集。使用 SUBTRACT 命令，可以删除两个重叠实体间的公共部分，如图 4-11 所示。

（a）选定被减的对象 1　　（b）选定要减去的对象 2　　（c）结果（为了清晰显示，将线进行消隐）

图 4-11　差集

③ 交集。使用 INTERSECT 命令，可以用两个或多个重叠实体的公共部分创建组合实体，如图 4-12 所示。

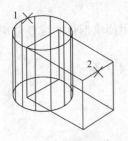

图 4-12　交集
1，2—选定重叠的两个对象

（2）正则化集合运算 普通集合运算大多能满足几何模型的构建，但在某些情况下，普通集合运算的结果在数学上是正确的，而在几何建模上是不恰当的，比如紧靠的两个平面实体 A、B，如图 4-13（a）所示，求交集后结果是一条直线，出现了降维的现象。同样，两个实体 A 和 B 求交集，其结果出现了一个悬面，如图 4-14（c）所示。显然悬面是一个二维实体，在实际的三维实体中是不可能存在悬面的。一个有效的实体应具有以下性质：维数一致、有界、封闭。为了使集合运算生成的几何实体边界良好，并保持初始实体的维数，需要采用正则化集合运算生成正则集。

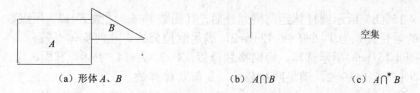

（a）形体 A、B　　　　（b）$A\cap B$　　　　（c）$A\cap^* B$

图 4-13　平面实体交集与正则集

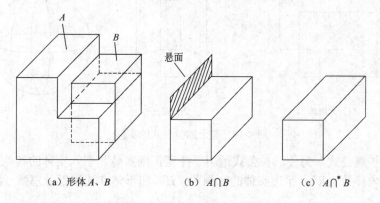

（a）形体 A、B　　　（b）$A\cap B$　　　（c）$A\cap^* B$

图 4-14　实体交集与正则集

正则化集合运算与普通集合运算的关系如下。

$$A\cap^* B = K_i(A\cap B)$$
$$A\cup^* B = K_i(A\cup B)$$
$$A-^* B = K_i(A-B)$$

其中，$\cap^*$、$\cup^*$、$-^*$分别为正则交、正则并和正则差；K 代表封闭；i 代表内部。图 4-13（c）、图 4-14（c）示出的分别为平面形体和实体正则化集合运算结果。

4.2.4　欧拉公式

为保证建模过程每一步所生成实体的拓扑关系都是正确的，可以通过著名的欧拉公式加以检验。在数学历史上有很多公式都是欧拉（Leonhard Euler，公元 1707～1783 年）发现的，它们都叫欧拉公式，它们分散在各个数学分支之中，这里所用的是拓扑学里的欧拉公式。

欧拉公式给出了实体的点、边、面、体、孔、洞数目之间的关系，在对实体的结构进行修改时，必须要保证这个公式成立，才能够保证实体的有效性。

（1）平面立体的欧拉公式　对于任意的简单多面体（即各面都是平面多边形并且没有洞的立体），其面、边、顶点的数目满足欧拉公式

$$V-E+F=2 \tag{4-1}$$

式中　V——顶点数；

$\quad\quad E$——边数；

$\quad\quad F$——面数。

例如图 4-15（a）所示的六面体，其面数 $F=6$、边数 $E=12$、顶点数 $V=8$，其面、边、顶点的数目关系为 $V-E+F=8-12+6=2$，满足欧拉公式，几何实体有效。

欧拉公式不仅保证平面立体在拓扑上的有效性，对于能够构成适当网格的封闭表面，同样可以采用欧拉公式进行检验。

如图 4-15（b）所示圆柱体经网格划分后，其面数 $F=6$、边数 $E=12$、顶点数 $V=8$，其面、边、顶点的数目关系为 $V-E+F=8-12+6=2$，满足欧拉公式，几何实体有效。

又如图 4-15（c）所示圆球，经网格划分后，$V=7$，$E=14$，$F=9$，其面、边、顶点的数目关系为 $V-E+F=7-14+9=2$，满足欧拉公式，几何实体有效。

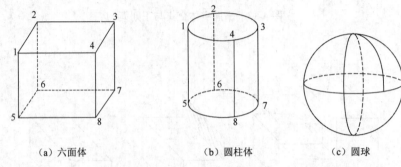

（a）六面体　　　　　（b）圆柱体　　　　（c）圆球

图 4-15　符合欧拉公式的实体

（2）欧拉扩展公式　为使欧拉公式适用于任意正则实体，引入实体的其他三个参数：实体所有面上的内环数（R）、穿透实体的孔洞数（H）和形体非连通部分总数（S），欧拉公式扩展为：

$$V-E+F=2(S-H)+R \tag{4-2}$$

式中　V——顶点数；

　　　E——边数；

　　　F——面数；

　　　S——非连通的实体总数；

　　　H——穿透实体的孔洞数；

　　　R——实体所有面上的内环数。

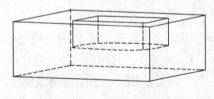

图 4-16　【例 4-1】图

【例 4-1】　试校核如图 4-16 所示模型的拓扑关系是否正确。

$V=16$, $E=24$, $F=11$, $S=1$, $H=0$, $R=1$

$V-E+F=16-24+11=3$

$2(S-H)+R=2(1-0)+1=3$

∵ $V-E+F=2(S-H)+R$，符合欧拉扩展公式

∴ 几何模型的拓扑关系正确。

【例 4-2】　试校核如图 4-17 所示模型的拓扑关系是否正确。

$V=16$, $E=24$, $F=10$, $S=1$, $H=1$, $R=2$

$V-E+F=16-24+10=2$

$2(S-H)+R=2(1-1)+2=2$

∵ $V-E+F=2(S-H)+R$，符合欧拉扩展公式

∴ 几何模型的拓扑关系正确。

4.3　几何建模方法

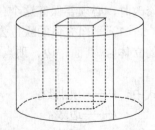

图 4-17　【例 4-2】图

4.3.1　线框模型

（1）数据结构　如 4.1 节所述，线框模型所描述的是构成物体的各顶点及连接顶点的各

边的信息。线框模型的数据结构为两张表，分别是顶点表和边表。顶点表用来记录各顶点的坐标值，边表用来记录每条边所连接的顶点名。如图 4-18 所示的四边形，采用线框模型只需用 4 个顶点和 4 条边来表达。

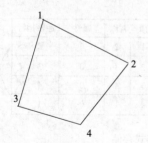

顶点表				边表		
顶点名	坐标值			边号	顶点名	
	x	y	z	E1	1	2
1	$X1$	$Y1$	$Z1$	E2	2	4
2	$X2$	$Y2$	$Z2$	E3	4	3
3	$X3$	$Y3$	$Z3$	E4	3	1
4	$X4$	$Y4$	$Z4$			

图 4-18　线框模型数据结构

线框模型在计算机里可以用二维数组表示，例如图 4-18 中的顶点表可以表示为

$S[1][1]=X1$，$S[1][2]=Y1$，$S[1][3]=Z1$

$S[2][1]=X2$，$S[2][2]=Y2$，$S[2][3]=Z2$

$S[3][1]=X3$，$S[3][2]=Y3$，$S[3][3]=Z3$

$S[4][1]=X4$，$S[4][2]=Y4$，$S[4][3]=Z4$

边表可以表示为

$E[1][1]=1$，$E[1][2]=2$

$E[2][1]=2$，$E[2][2]=4$

$E[3][1]=4$，$E[3][2]=3$

$E[4][1]=3$，$E[4][2]=1$

（2）线框模型的特点　由于线框模型只提供顶点和边的信息，无法计算物体的体积、面积、重量和惯性矩等，不能实现消隐，容易产生二义性，不能任意剖切，不能进行两个面的求交，无法生成数控加工刀具轨迹，不能自动划分有限元网格，不能检查物体间碰撞、干涉等。

线框模型描述方法优势在于所需要的信息量很小，具有数据结构简单、数据运算简单、所占存储空间小、对计算机硬件要求不高、容易掌握、处理时间短、响应速度快的特点。利用线框模型，可通过投影变换快速生成三视图，生成任意视点和方向的透视图和轴测图，并能保证各视图间正确的投影关系。

4.3.2　表面模型

表面模型是通过对物体的各种表面（平面或曲面）进行描述而构建的三维模型。表面模型的描述有两种，一种是基于线框模型的表面模型，另一种是基于曲线、曲面的描述方法的表面模型。

（1）基于线框模型的表面模型数据结构　下面以立体中的两个面（见图 4-19）说明表面模型的数据结构。

基于线框模型的表面模型所表达的信息有顶点、边、面。其数据结构在线框模型的基础上增加了面表结构，在计算机内，这些表可以采用链式存储（见图 4-20）；也可以采用顺序存储，如图 4-21 所示，共包括三张表：顶点表用来记录各顶点的坐标值，边表用来记录每条边所连接的顶点名，面表用来记录各面的边数以及面上的顶点名。在建立面表时，若按照每张面的有向边走向顺序依次填写顶点名，这样的面表里实际上已经含有边的信息。

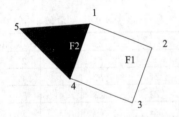

表面编号	1
表面特征码	0
始点指针	1
顶点个数	4

顶点名称	属性	连接指针
1	2	0	2
2	3	0	3
3	4	0	4
4	1	0	1

图 4-19　立体中的两个面　　　　　　　　　图 4-20　链式存储

顶点表

顶点名	坐标值		
	x	y	z
1	$X1$	$Y1$	$Z1$
2	$X2$	$Y2$	$Z2$
3	$X3$	$Y3$	$Z3$
4	$X4$	$Y4$	$Z4$
5	$X5$	$Y5$	$Z5$

边表

边号	顶点名	
E1	1	2
E2	2	3
E3	3	4
E4	4	1
E5	1	5
E6	5	4

面表（含边表）

面号	边数	顶点名
1	4	1234
2	3	145

$F[1][0]=4$　　　$F[2][0]=3$
$F[1][1]=1$　　　$F[2][1]=1$
$F[1][2]=2$　　　$F[2][2]=4$
$F[1][3]=3$　　　$F[2][3]=5$
$F[1][4]=4$

图 4-21　顺序存储

（2）曲面模型的曲面图素种类　对于具有复杂外表面的形体，建立表面模型时先将外表面分解成为若干个组成面，然后根据一块块组成面定义出基本面素，最后利用合并、连接、修剪和延伸等方式，将各基本面素拼接出曲面立体。下面将这些面素分三大类介绍。

① 规则曲面。规则曲面包括平面、圆柱面、圆锥面、球面、环面、直纹面、回转面、拉伸面、扫描面等。有时称平面、圆锥面、圆柱面、球面、环面为基本面素，见图 4-22。

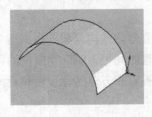
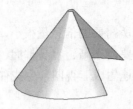

（a）圆柱面　　　　　　（b）圆锥面　　　　　　（c）球面

图 4-22　三种基本面素

构建规则曲面首先要明确该曲面的构图要素，下面介绍三种常用的规则曲面构图要素。

a. 回转面（surface of revolution）。构图要素：轮廓母线、回转轴，见图 4-23（a）。

b. 拉伸面（extrude surface）。构图要素：平面曲线、拉伸方向、拉伸高度，见图 4-23（b）。

c. 直纹面（ruled surface）。构图要素：母线（直线）、两条空间轨迹线（控制母线两端点运动轨迹），见图 4-23（c）。

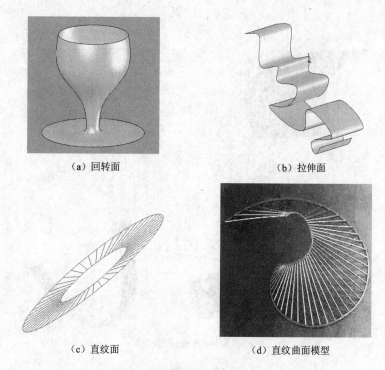

（a）回转面　　（b）拉伸面

（c）直纹面　　（d）直纹曲面模型

图 4-23　四种规则曲面

② 自由曲面（又称雕塑曲面）。有些曲面形状较复杂，如汽车、飞机、船舶等外观设计以及地形地貌的描述等，用规则曲面很难将曲面描述出来，此时可以考虑使用自由曲面。构建自由曲面的基本思想是以用户给定的一组离散数据点构成控制网格，通过对这组数据点的插值与拟合，使构建的曲面通过或逼近给定数据点。常用自由曲面有 Bezier 曲面、B 样条曲面、孔斯（Coons）曲面。Bezier 曲面和 B 样条曲面的特点是曲面逼近控制网格，见图 4-24，Bezier 曲面不具备局部控制功能，而 B 样条曲面可以实现局部控制。Coons 曲面的特点是可实现插值，即通过满足给定的边界条件的方法构造 Coons 曲面。

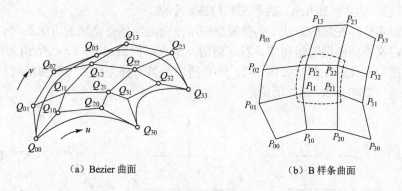

（a）Bezier 曲面　　（b）B 样条曲面

图 4-24　控制网格和自由曲面

③ 派生曲面。派生曲面在已经存在的曲面或实体上生成的新面。派生曲面可以是由一张面等距生成的新面，如图 4-25（a）所示，也可以在两张面的基础上生成过渡曲面，如图 4-25（b）所示。在实体上生成的过渡曲面如图 4-25（c）所示。

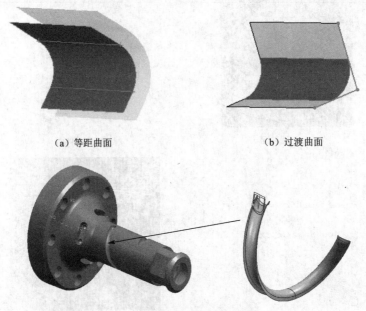

（a）等距曲面　　　　　　　　　　　　（b）过渡曲面

（c）从实体上生成的过渡曲面

图 4-25　派生曲面

（3）表面模型特点　表面模型所能描述范围较广，能够比较完整的定义三维立体的表面。它扩大了线框模型的应用范围，可以实现曲面求交、消隐、着色、物性计算。可以满足 3～5 轴的数控编程及有限元网格划分的需要。但是表面模型只有一张张面的信息，物体究竟存在表面的哪一侧，并没有给出明确的定义。

4.3.3　实体模型及表示方法

相比表面模型，实体模型给出了表面间的相互关系等拓扑信息，增加了实体存在侧的明确定义，因而能够完整的描述物体的全部几何属性。实体模型常用的表示方法有构造体素（CSG）表示法、边界（B-Rep）表示法和扫描表示法。

（1）确定实体存在域的方法　实体模型中用来确定实体存在域的方法通常有三种。第一种方法是在定义表面的同时给出实体存在侧的一个点，如图 4-26（a）所示；第二种方法是直接用向量指向实体存在侧，如图 4-26（b）所示；第三种方法是用有向棱边及右手规则表示外法向矢量，如图 4-26（c）所示。

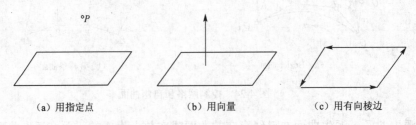

（a）用指定点　　　　　　　（b）用向量　　　　　　　（c）用有向棱边

图 4-26　确定实体存在域的方法

（2）实体模型表示方法

① 构造体素（constructive solid geometry，CSG）表示法。构造体素表示法也称构造实

体几何表示法，其基本原理是通过对基本体素定义运算而得到新的实体。基本体素可以是立方体、圆柱、圆锥等，如图 4-9 所示，其运算为正则化集合运算并、交、差，详见本章 4.2.3 节的相关内容。

CSG 表示可以看成是一棵有序的二叉树，其根节点是最终实体，叶节点是基本体素，中间节点是正则化集合运算，这种运算只对其紧接着的子节点（子实体）起作用，每棵子树表示其下两个节点组合及变换的结果，如图 4-27 所示。

CSG 树表示实体模型的构成是无二义性的，但不是唯一的。一个几何实体可以用多棵 CSG 树表示出来，如图 4-28 所示。它的定义取决于其所用体素和正则化集合运算算子。只要体素叶结点是合法的，正则集的性质就可以保证了任何 CSG 树都是合法的正则集。采用 CSG 树可以完整记录实体生成过程，数据结构比较简单，数据量比较小，内部数据的管理比较容易。但是由于 CSG 树对于实体的表示受到基本体素种类和操作种类的限制，所表示的实体具有较大的局限性，并且构造体素法不能直接查询较低层次信息，如边、顶点、面等的信息，由于实体的边界几何元素（点、边、面）是隐含表示在 CSG 中的，故显示与绘制 CSG 表示的实体需要较长的时间。

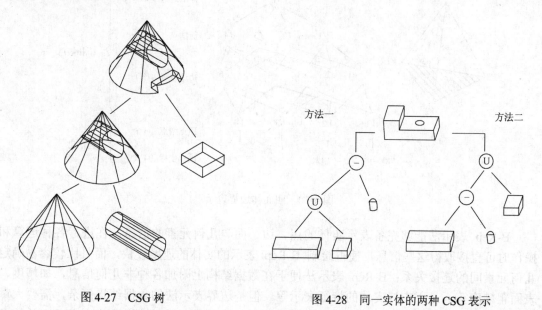

图 4-27　CSG 树　　　　　　　　图 4-28　同一实体的两种 CSG 表示

② 边界（boundary representation）表示法。边界表示法简称 BR 表示法或 B-Rep 表示法，它是几何建模中最成熟、无二义的表示法。如图 4-29 所示，边界表示法将实体的边界表示为面的并集，而每个面又由它所在的曲面的定义加上其边界（环）来表示，面的闭合边界由边来表示，边又可由顶点来表示，顶点位置由坐标值确定。

图 4-30 给出了一个边界表示实例。按照边界表示法的思路，该立体表示为 4 个面的集合 $\{f1, f2, f3, f4\}$。每个面的边界环是对应 3 条边的集合，如 $f1$ 对应 $\{e1, e2, e3\}$，共有 6 条边。每条边由对应的 2 个顶点连接而成，如 $e1$ 对应 $\{v1, v2\}$，共 4 个顶点。每个顶点由坐标表示位置，如 $v1(x1, y1, z1)$。从这个例子里不难看出，边界表示法按照体—面—环—边—点—顶点坐标的层次，详细记录了构成实体的点、边、面等所有几何元素的数量和相互连接的拓扑信

息及位置、形状等几何信息。

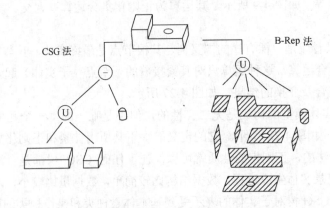

图 4-29　CSG 与 B-Rep

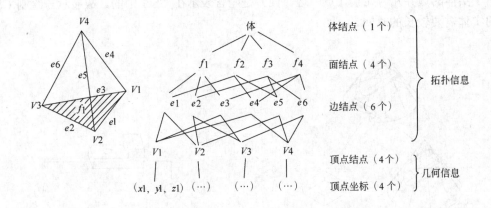

图 4-30　四面体边界表示

B-Rep 表示法能够完备表示实体的点、边、面等几何元素的信息，在进行各种运算和操作时可直接取得这些信息，使得绘制 B-Rep 表示的实体的速度较快，而且比较容易确定几何元素间的连接关系；B-Rep 表示法便于在数据结构上附加各种非几何信息，如精度、表面粗糙度等，易于支持实体的特征表示等。但是边界表示法的数据结构复杂，需要大量的存储空间，维护内部数据结构的程序比较复杂，并且需要采用欧拉操作来保证实体的有效性。

③ 扫描表示法。扫描表示法是一个基体（一般是一个封闭的平面轮廓）沿某一路径运动而产生实体的表示方法。扫描表示需要两个基本分量：一个是运动的基面，另一个是基面运动的路径。如果是变截面的扫描，还需要给出截面的变化规律。

扫描表示的构图要素有：基面和路径（引导线）。图 4-31 示出的是一些扫描表示的例子，图 4-31（a）是路径为直线的等截面扫描，这种形式在许多绘图软件中称为"拉伸"；图 4-31（b）是扫描路径为圆的等截面扫描，这种方法有时也称为旋转扫描；图 4-31（c）是扫描基面为圆，扫描路径为空间曲线的等截面扫描；图 4-31（d）是变截面扫描，截面的变化由两根引导线控制，扫描路径仍为直线。

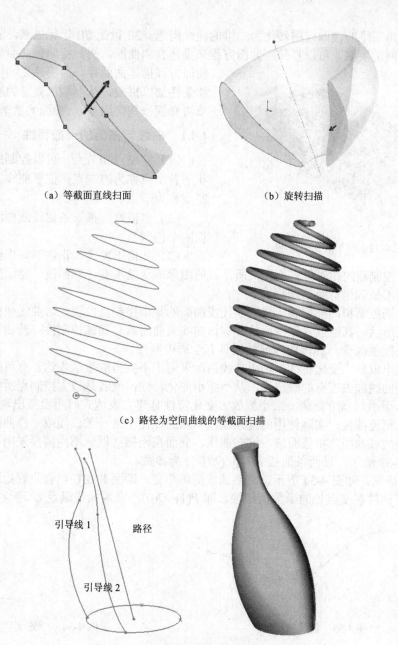

（a）等截面直线扫面 （b）旋转扫描

（c）路径为空间曲线的等截面扫描

引导线 1 路径

引导线 2

（d）两根引导线的变截面扫描

图 4-31 扫描表示

4.4 曲线与曲面

　　曲面是工程对象中大量存在的一种几何型面，例如汽车、飞机、船舶、模具型腔、叶片等的几何外形。构建这类复杂几何外形的问题大多是一些自由曲线、自由曲面的设计问题，要求设计者具有有关的基础知识，在使用时能根据各曲线、曲面的性质加以灵活运用。图 4-32 给出了汽车几何外形的示意图。

　　对于复杂曲面，最早的 CAD 系统一般采用曲线表示方法，即用几簇平行平面去截外形曲面，然后用与曲面相交所得的剖面线来表示这张曲面。这种方法的实质就是曲面的曲线网格表示法，将三维的曲面问题转化为二维的曲线问题。20 世纪 70 年代以来，随着计算机技术和计算几何的发展，可以直接用曲面方程来描述自由曲面，例如将船体曲面分成几块，用曲面方程描述曲面片，曲面片之间按照一定的连续条件加以拼接，从而构成光滑的船体外形。本节将介绍一些常用曲线、曲面的数学表示及性质。

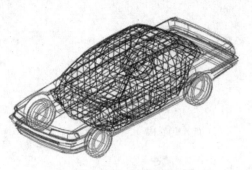

图 4-32　汽车的几何外形

4.4.1　曲线与曲面的一般特性

（1）控制点和节点　可以控制曲线、曲面形状的各个点称为控制点；位于曲线、曲面上的控制点称为节点。

（2）多值性　指一条曲线或曲面并非一个坐标的单值函数。

（3）几何不变性　指在不同坐标系度量控制点时，只要控制点的相对位置不变，所生成的图形形状就不变，即曲线、曲面的形状由控制点决定，而不依赖坐标系的选择。

（4）全局控制和局部控制　修改曲线或曲面的某个控制点位置，若曲线或曲面只在控制点附近改变形状，其他位置保持原状，称该曲线或曲面具有局部控制性；若曲线或曲面整个形状都随之发生改变，称该曲线或曲面具有全局控制性。

（5）缩小或放大变化特性　如果曲线曲面采用了不妥当的数学表达，有可能会平滑给定控制点，使曲线失去应有的圆滑性，从而缩小变化特性；或者是放大控制点所描绘的细小不规则处，从而引起高阶振荡。缩小或放大变化特性是建立表达式时不希望出现的特性。

（6）几何连续性　实际使用的复杂曲线和曲面往往不是一条曲线或一片曲面构成的，而是由多个曲线或曲面片拼接而成，这些曲线、曲面在连接处根据不同需要采用不同的连续条件。如图 4-33 所示，设两条曲线 $P(t)$ 和 $Q(t)$，t 为参数。

① C^0 连续。如图 4-34 所示，两条曲线简单相交，即两曲线在结合位置处连续；其数学表达式为两曲线在交点处的函数值相等，即 $P(1)=Q(0)$，则两曲线满足 C^0 连续。

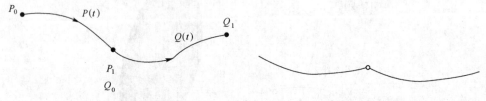

图 4-33　曲线的拼接　　　　　　　　　　　图 4-34　C^0 连续

② C^1 连续。如图 4-35 所示，两条曲线段不仅具有公共的端点，而且在连接处切线向量共线，则这两条曲线为 C^1 连续，即 $Q'(0)=P'(1)$，两曲线满足 C^1 连续（一阶参数连续性）。

③ C^2 连续。如图 4-36 所示，在两条曲线结合处满足 C^1 连续的条件下，有公共的曲率矢，即 $Q''(0)=P''(1)$，则两曲线在节点处满足 C^2 连续（二阶参数连续性）。

图 4-35　C^1 连续　　　　　　　　　　　　图 4-36　C^2 连续

4.4.2　曲线与曲面的表示方法

（1）一般表示法　三维空间曲线可以由两曲面的交线方程表示，即

$$交线方程\begin{cases}曲面F & F(x,y,z)=0 \\ 曲面G & G(x,y,z)=0\end{cases}\tag{4-3}$$

对于非参数表示形式的曲线方程，存在下述问题：与坐标轴相关；会出现斜率为无穷大的情形（如垂线）；对于非平面曲线、曲面，难以用常系数的非参数化函数表示。

（2）参数表示法　在几何建模系统中，曲线、曲面方程通常表示成参数的形式，即曲线上任一点的坐标均表示成给定参数的函数。假定用 t 表示参数，平面曲线上任一点 P 可表示为位置矢量

$$P(t)=[x(t),y(t)]\tag{4-4}$$

空间曲线上任一三维点 P 可表示为位置矢量

$$P(t)=[x(t),y(t),z(t)]\tag{4-5}$$

在参数变化的情况下，端点走过的轨迹构成了空间曲线，如图 4-37 所示。

在曲线、曲面的表示上，参数方程的优越性主要表现在以下四方面。

① 可以满足几何不变性的要求。

② 有更大的自由度来控制曲线、曲面的形状。

例如一条二维三次曲线的显式表示为式（4-6），有 4 个系数可用来控制曲线的形状，而采用参数表达式后的二维三次曲线可表示为式（4-7），有 8 个系数可用来控制曲线的形状。

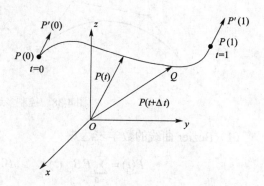

图 4-37　空间曲线

$$y=ax^3+bx^2+cx+d\tag{4-6}$$

$$P(t)=\begin{bmatrix}a_1t^3+a_2t^2+a_3t+a_4 \\ b_1t^3+b_2t^2+b_3t+b_4\end{bmatrix}\quad t\in[0,1]\tag{4-7}$$

③ 便于处理斜率为无穷大的情形，不会因此而中断计算。

④ 可避免多值性。利用带参数的函数描绘同一条曲线和曲面方程，可以有多种表达式。

例如圆在计算机图形学中应用十分广泛，圆心在(0,0)，半径为 1 的圆，可表示为以下各种形式。

$$P(t)=[\cos t\quad \sin t]$$

$$P(t)=\left[\frac{1-t^2}{1+t^2}\quad \frac{2t}{1+t^2}\right]$$

$$P(t)=[t\quad (1-t^2)^{1/2}]$$

$$P(t)=[0.43t^3-1.466t^2+0.036t+1\quad -0.43t^3-0.177t^2+1.607t]$$

（3）工程常用表示方法（多项式表示）

曲线方程：
$$C(u)=\sum_{i=0}^{n}C_iF_i(u)\tag{4-8}$$

式中　u——参数；

$F_i(u)$——基函数；

C_i——基函数的系数。

曲面方程：
$$S(u,v) = \sum_{i=0}^{n} \sum_{j=0}^{m} a_{ij} F_i(u) G_j(v) \qquad (4-9)$$

式中　u，v——参数；

$F_i(u)$，$G_j(v)$——基函数；

a_{ij}——基函数的系数。

4.4.3　Bezier 曲线

1962 年法国雷诺汽车公司的贝塞尔（Bezier）受到画家勾勒轮廓方法的启迪，利用控制点构成多边形来控制自由曲线。图 4-38 示出了两种 Bezier 曲线和它们的控制多边形。贝塞尔采用函数逼近与几何表示相结合的方式构建出 Bezier 曲线，并以这种方法为主，完成了一种曲线和曲面的设计系统——UNISURF，于 1972 年在雷诺公司应用。

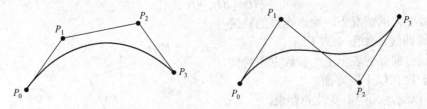

图 4-38　控制多边形与 Bezier 曲线

（1）Bezier 曲线的数学表达式

$$P(t) = \sum_{i=0}^{n} P_i B_{i,n}(t) \qquad (0 \leqslant t \leqslant 1) \quad (i=0, 1, 2, \ldots, n) \qquad (4-10)$$

式中　t——参数；

P_i——控制多边形第 $i+1$ 个点的位置矢量；

$B_{i,n}(t)$——n 次 Bernstein 基函数，即曲线上各个点位置矢量的调和函数，其表达式为

$$B_{i,n}(t) = \frac{n!}{i!(n-i)!} t^i (1-t)^{n-i} \qquad (4-11)$$

规定：$0^0=1$, $0!=1$。

由 4 个控制顶点 $P_0 P_1 P_2 P_3$ 定义一条三次 Bezier 曲线，由 Bernstein 基函数可计算出 4 个表达式，构成三次 Bezier 曲线的一组基。任何三次 Bezier 曲线都是这组基的线性组合，见式（4-12），其矩阵表达式为式（4-13）。

$$B_{0,3}(t) = 1-3t+3t^2-t^3=(1-t)^3$$
$$B_{1,3}(t) = 3t-6t^2+3t^3=3t(1-t)^2$$
$$B_{2,3}(t) = 3t^2-3t^3=3t^2(1-t)$$
$$B_{3,3}(t) = t^3$$

$$P(t) = (1-t)^3 P_0 + 3t(1-t)^2 P_1 + 3t^2(1-t)P_2 + t^3 P_3 \qquad (4-12)$$

$$P(t) = \begin{bmatrix} t^3 & t^2 & t & 1 \end{bmatrix} \begin{bmatrix} -1 & 3 & -3 & 1 \\ 3 & -6 & 3 & 0 \\ -3 & 3 & 0 & 0 \\ 1 & 0 & 0 & 0 \end{bmatrix} \begin{bmatrix} P_0 \\ P_1 \\ P_2 \\ P_3 \end{bmatrix} \qquad (4-13)$$

（2）Bezier 曲线的性质

① 端点性质。由 Bernstein 基函数的端点性质可以推得：当 $t=0$ 时，$P(0)=P_0$；当 $t=1$ 时，

$P(1)=P_n$。由此可见，Bezier 曲线的起点是控制多边形的第一个顶点，曲线的终点是控制多边形的最后一个顶点。Bezier 曲线端点性质如图 4-39 所示。

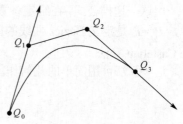

② 一阶导矢

$$P'(t) = n\sum_{i=0}^{n} P_i[B_{i-1,n-1}(t) - B_{i,n-1}(t)] \qquad (4-14)$$

当 $t=0$ 时，$P'(0) = n(P_1 - P_0)$；

当 $t=1$ 时，$P'(1) = n(P_n - P_{n-1})$。

这表明，Bezier 曲线的起点和终点处的切线的方向和控制多边形的第一条边及最后一条边的走向一致。

图 4-39 Bezier 曲线端点性质

③ 二阶导矢

$$P(t) = n(n-1)\sum_{i=0}^{n-2} (P_{i+2} - 2P_{i+1} + P_i)B_{i,n-2}(t) \qquad (4-15)$$

当 $t=0$ 时，$P''(0) = n(n-1)(P_2 - 2P_1 + P_0)$；

当 $t=1$ 时，$P''(1) = n(n-1)(P_n - 2P_{n-1} + P_{n-2})$。

表明 Bezier 曲线二阶导矢只与相邻 3 个顶点有关，与其他点无关。

④ 凸包性。Bezier 曲线落在 P_i 构成的凸包内，如图 4-40 所示。

⑤ 几何不变性。Bezier 曲线的位置、形状与其控制多边形顶点 $P_i(i=0,1,\cdots,n)$ 的位置有关，它不依赖于坐标系的选择。

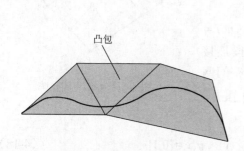

图 4-40 Bezier 曲线的凸包性

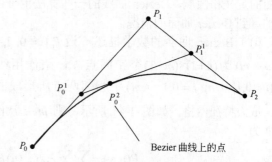

图 4-41 Bezier 曲线的递推算法

（3）Bezier 曲线的递推算法与分割作图法 计算 Bezier 曲线上的点，可以用 Bezier 曲线方程，但使用德卡斯特里奥（de Casteljau）提出的递推算法要简单得多。

如图 4-41 所示为由三个控制点控制的一段二次 Bezier 曲线。引入参数 t，将相邻两个控制点分成比值为 $t:(1-t)$ 的两段，有：

$$P_0^1 = (1-t)P_0 + tP_1$$
$$P_1^1 = (1-t)P_1 + tP_2$$
$$P_0^2 = (1-t)P_0^1 + tP_1^1$$

P_0^2 即为 $P_0P_1P_2$ 控制的这段 Bezier 曲线上参数取值为 t 的点。以此类推，由 $n+1$ 个控制点定义的 n 次 Bezier 曲线上参数取值为 t 的点 P_0^n 为：

$$P_0^n = (1-t)P_0^{n-1} + tP_1^{n-1} \qquad t \in [0,1] \qquad (4-16)$$

当参数 t 从 0 变到 1 时，可以得到整条 Bezier 曲线，由此得到 Bezier 曲线的递推计算公式：

$$P_i^k = \begin{cases} P_i & k=0 \\ (1-t)P_i^{k-1}+tP_{i+1}^{k-1} & k=1,2,\cdots,n; i=0,1,\cdots,n-k \end{cases} \qquad (4\text{-}17)$$

用这一递推公式，在给定参数下，求 Bezier 曲线上参数取值为 t 的点非常有效。式（4-17）中，$P_i^0 = P_i$ 是定义 Bezier 曲线的控制点，P_0^n 即为曲线 $P(t)$ 上参数取值为 t 的点。这便是著名 de Casteljau 算法。

这一算法可用简单的几何作图法来实现，给定参数 $t \in [0,1]$，将定义域分成长度为 $t : (1-t)$ 的两段。依次对原始控制多边形每一边执行同样的定比分割，所得分点就是第一级递推生成的中间顶点 P_i^1 $(i=0,1,\cdots,n-1)$，对这些中间顶点构成的控制多边形再执行同样的定比分割，得第二级中间顶点 P_i^2 $(i=0,1,\cdots,n-2)$。重复进行下去，直到 n 级递推得到一个中间顶点 P_0^n，即为所求曲线上的点。图 4-42 所示的 $n=4$，$t=\dfrac{1}{3}$ 时的 P_0^3 即为 Bezier 曲线上一点 $P\left(\dfrac{1}{3}\right)$。

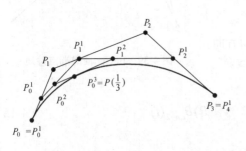

图 4-42　Bezier 曲线的分割作图法

4.4.4　Bezier 曲面

基于 Bezier 曲线的讨论，可以方便地可以给出 Bezier 曲面的定义和性质，Bezier 曲线的一些算法也可以很容易的扩展到 Bezier 曲面的情况。

（1）Bezier 曲面的数学描述　设 P_{ij} $(i=0,1,\cdots,n; j=0,1,\cdots,m)$ 为 $(n+1)\times(m+1)$ 个空间点阵，依次用线段连接 P_{ij} $(i=0,1,\cdots,n;\ j=0,1,\cdots,m)$ 中相邻两点所形成的空间网格，成为特征网格，如图 4-43 所示，则 $m \times n$ 次的 Bezier 曲面为：

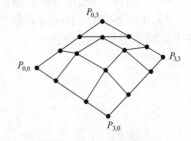

图 4-43　4×4 空间点阵

$$P(u,v) = \sum_{i=0}^{m}\sum_{j=0}^{n} P_{ij}B_{i,m}(u)B_{j,n}(v) \qquad u,v \in [0,1] \qquad (4\text{-}18)$$

其中 $B_{i,m}(u) = C_m^i u^i (1-u)^{m-i}$，$B_{j,n}(v) = C_n^j v^j (1-v)^{n-j}$ 为 Bernstein 基函数。用矩阵表示 Bezier 曲面则为：

$$P(u,v) = \begin{bmatrix} B_{0,n}(u), B_{1,n}(u), \cdots, B_{m,n}(u) \end{bmatrix} \begin{bmatrix} P_{00} & P_{01} & \cdots & P_{0m} \\ P_{10} & P_{11} & \cdots & P_{1m} \\ \vdots & \vdots & & \vdots \\ P_{n0} & P_{n1} & \cdots & P_{nm} \end{bmatrix} \begin{bmatrix} B_{0,m}(v) \\ B_{1,m}(v) \\ \vdots \\ B_{n,m}(v) \end{bmatrix} \qquad (4\text{-}19)$$

（2）Bezier 曲面性质

① Bezier 曲面特征网格的四个角点正好是 Bezier 曲面的四个角点，即 $P(0,0)=P_{00}$，$P(1,0)=P_{m0}$，$P(0,1)=P_{0n}$，$P(1,1)=P_{mn}$；Bezier 曲面特征网格最外一圈顶点定义 Bezier 曲面的四条边界，如图 4-43 所示。

② Bezier 曲面边界的跨界切矢只与定义该边界的顶点及相邻一排顶点有关；其跨界二阶导矢只与定义该边界的顶点及相邻两排顶点有关。

③ 几何不变性。Bezier 曲面的位置、形状与其控制多边形顶点 P_{ij} 的位置有关，它不依

赖于坐标系的选择。

④ 凸包性。Bezier 曲面落在 P_{ij} 构成的凸包内，如图 4-44 所示。

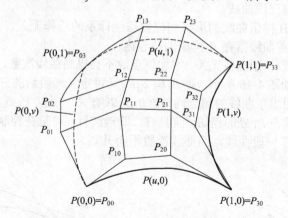

图 4-44 双三次 Bezier 曲面及边界信息

4.4.5 B 样条曲线

（1）B 样条曲线方程定义 通常，给定 $m+n+1$ 个顶点 P_i $(i=0, 1, 2, \cdots, m+n)$

$$P_{i,n}(t) = \sum_{k=0}^{n} P_{i+k} F_{k,n}(t) \qquad (0 \leqslant t \leqslant 1) \tag{4-20}$$

式中，$F_{k,n}(t)$ 为 n 次 B 样条基函数，也叫 B 样条分段混合函数。

$$F_{k,n}(t) = \frac{1}{n!} \sum_{j=0}^{n-k} (-1)^j C_{n+1}^j (t+n-k-j)^n \qquad (0 \leqslant t \leqslant 1; k=0,1,\cdots,n) \tag{4-21}$$

（2）三次 B 样条曲线 当 $n=3$ 时，$k=0,1,2,3$，代入式（4-21）计算出三次 B 样条曲线调和函数的一组基

$$F_{0,3}(t) = \frac{1}{6}(-t^3 + 3t^2 - 3t + 1)$$

$$F_{1,3}(t) = \frac{1}{6}(3t^3 - 6t^2 + 4)$$

$$F_{2,3}(t) = \frac{1}{6}(-3t^3 + 3t^2 + 3t + 1)$$

$$F_{3,3}(t) = \frac{1}{6}t^3$$

（4-22）

三次 B 样条曲线由这组基线性组合而成

$$P(t) = F_{0,3}(t)B_0 + F_{1,3}(t)B_1 + F_{2,3}(t)B_2 + F_{3,3}(t)B_3$$

$$= \begin{bmatrix} t^3 & t^2 & t & 1 \end{bmatrix} \frac{1}{6} \begin{bmatrix} -1 & 3 & -3 & 1 \\ 3 & -6 & 3 & 0 \\ -3 & 0 & 3 & 0 \\ 1 & 4 & 1 & 0 \end{bmatrix} \begin{bmatrix} B_0 \\ B_1 \\ B_2 \\ B_3 \end{bmatrix} \quad (0 \leqslant t \leqslant 1) \tag{4-23}$$

三次 B 样条曲线的端点性质如下。

① 曲线段的起点 $P(0)$ 位于 $\triangle B_0 B_1 B_2$ 底边 $B_0 B_2$ 的中线 $B_1 B_m$ 上，且距 B_1 点 $\frac{1}{3} B_1 B_m$。

② 起点处的切矢 $P'(0)$ 平行于 $\triangle B_0 B_1 B_2$ 的底边 $B_0 B_2$，且长度为其 1/2。

③ 起点处的二阶导数 $P''(0)$ 等于中线矢量 $B_1 B_m$ 的 2 倍。

终点与起点有类似端点性质，如图 4-45 所示。

（3）B 样条曲线性质

① 局部控制性，例如曲线次数 $n=2$ 时，三个连续顶点确定一段 B 样条曲线，当改变一个顶点时，最多只影响三段曲线。

② 几何不变形。B 样条曲线的形状和位置与坐标系的选择无关。

③ 凸包性。B 样条曲线落在 B_i 构成的凸包内。

④ B 样条曲线次数与顶点数无关。增加顶点数不会提高曲线次数，例如在控制多边形上增加了一个顶点 B_4，如图 4-46 所示，则 $B_1B_2B_3B_4$ 又可定义一段新的三次 B 样条曲线。由于第一条曲线的终点与第二条曲线的起点均与 $\triangle B_1B_2B_3$ 有关，所以 P_1 既是 P_0P_1 的终点，又是 P_1P_2 的起点，两段曲线在 P_1 处的相切，且具有二阶连续性。可见在控制多边形上加一个顶点 B_4 后，原曲线上增加了一段曲线，而曲线次数不会升高。

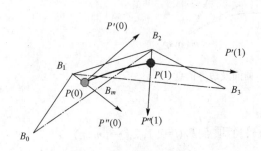

图 4-45　三次 B 样条曲线的端点性质

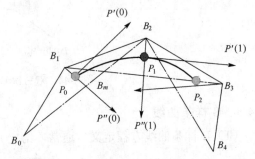

图 4-46　增加控制顶点

⑤ 造型的灵活性。B 样条曲线是一种非常灵活的曲线，曲线的局部形状受相应顶点的控制，用 B 样条曲线可以构造直线段、尖点、切线等特殊情况。这种顶点控制技术如果运用得

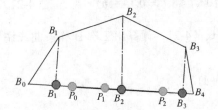

图 4-47　控制顶点共线构建直线段

当，可以使整个 B 样条曲线在某些部位满足一些特殊的技术要求。下面介绍四种常用的处理技术。

a. 在三次 B 样条曲线 $P(t)$ 中得到一条直线段。方法是让控制顶点共线，见图 4-47。

b. 使 B 样条曲线与控制多边形相切。方法一：使 B_1、B_2、B_3 三点共线，见图 4-48（a）；方法二：使 B_2、B_3 两点重合，见图 4-48（b）。

c. 构建尖点。方法是让 3 个连续顶点重合，见图 4-49 中的 $B_2B_3B_4$。

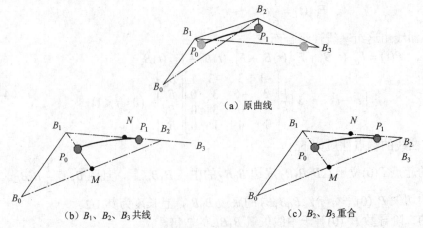

（a）原曲线

（b）B_1、B_2、B_3 共线　　　（c）B_2、B_3 重合

图 4-48　曲线与控制多边形相切

d. 使曲线以控制多边形的 B_0 为始点，且与 B_0B_1 相切。方法是增加一个控制顶点 B_{-1}，见图 4-50，使 $B_{-1}B_0=B_0B_1$。

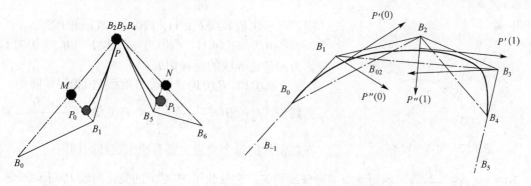

图 4-49　构建尖点　　　　图 4-50　使曲线通过 B₀

4.4.6　B 样条曲面

给定参数轴 u 和 v 的节点矢量 $U=[u_0,u_1,\cdots,u_{m+p}]$ 和 $V=[v_1,v_2,\cdots,v_{n+q}]$，$p\times q$ 阶 B 样条曲面定义如下：

$$P(u,v) = \sum_{i=0}^{m}\sum_{j=0}^{n}P_{ij}N_{i,p}(u)N_{j,q}(v) \tag{4-24}$$

$P_{ij}(i=0,1,\cdots,m; j=0,1,\cdots,n)$ 是给定的 $(m+1)\times(n+1)$ 个空间点，构成一张控制网格，称为 B 样条曲面的特征网格。$N_{i,p}(u)$ 和 $N_{j,q}(v)$ 是 B 样条基，分别由节点矢量 U 和 V 按递推公式，即式（4-25）决定。

$$N_{i,k}(t) = \frac{t-t_i}{t_{i+k-1}-t_i}N_{i,k-1}(t) + \frac{t_i+k-t}{t_{i+k}-t_{i+1}}N_{i+1,k-1}(t) \qquad t\in[t_j,t_{j+1}]$$

$$N_{i,0}(t) = \begin{cases}1 & t\in[t_j,t_{j+1}] \\ 0 & t<t_j \text{或} t>t_{j+1}\end{cases} \tag{4-25}$$

B 样条曲线的一些几何性质可以推广到 B 样条曲面，图 4-51 示出的是一张双三次 B 样条曲面片实例。

4.4.7　Coons 曲面

1964 年，美国麻省理工学院 S.A.Coons 提出了一种曲面片拼合造型的思想，并提出了 Coons 曲面概念。Bezier 曲面和 B 样条曲面的特点是曲面逼近控制网格，Coons 曲面的特点是可以插值，即通过满足给定的边界条件的方法构造 Coons 曲面。

（1）基本概念

① 若参数曲面方程为 $P(u,v)$，其中 $u,v\in[0,1]$，则四条参数曲线 $P(u,0)$、$P(u,1)$、$P(0,v)$、$P(1,v)$ 称为曲面片的四条边界线，$P(0,0)$、$P(0,1)$、$P(1,0)$、$P(1,1)$ 称为曲面片的四个角点，见图 4-52。

② $P(u,v)$ 的 u 向和 v 向偏导矢 $P_u(u,v)$ 和 $P_v(u,v)$ 分别称为 u 线和 v 线上的切矢，其中 $P_u(u,v)=\dfrac{\partial P(u,v)}{\partial u}$，$P_v(u,v)=\dfrac{\partial P(u,v)}{\partial v}$。

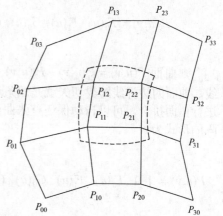

图 4-51　双三次 B 样条曲面片

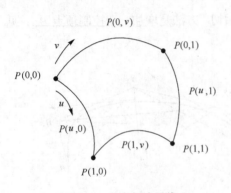

图 4-52　角点与边界线

$P_u(u,0)$、$P_u(u,1)$、$P_v(0,v)$、$P_v(1,v)$ 称为边界线上的切矢。$P_u(u,0) = \dfrac{\partial P(u,v)}{\partial u}\bigg|_{v=0}$ 是边界线 $P(u,0)$ 上的切矢，同理可求出边界线 $P(u,1)$、$P(0,v)$、$P(1,v)$ 的切矢。

$P_v(u,0)$、$P_v(u,1)$、$P_u(0,v)$、$P_u(1,v)$ （$u,v \in [0,1]$）称为四条边界线的跨界切矢。

$P_u(0,0)$、$P_v(0,0)$ 分别称为角点 $P(0,0)$ 的 u 向和 v 向切矢，$P_u(0,0) = \dfrac{\partial P(u,v)}{\partial u}\bigg|_{\substack{u=0\\v=0}}$，$P_v(0,0) = \dfrac{\partial P(u,v)}{\partial v}\bigg|_{\substack{u=0\\v=0}}$。

在曲面片的每个角点上都有两个这样的切矢。

③ $P_{uv}(u,v) = \dfrac{\partial^2 P(u,v)}{\partial u \partial v}$ 称为混合偏导矢或扭矢，它反映了 P_u 对 v 的变化率或 P_v 对 u 的变化率。同样，$P_{uv}(0,0) = \dfrac{\partial^2 P(u,v)}{\partial u \partial v}\bigg|_{\substack{u=0\\v=0}}$ 称为角点 $P(0,0)$ 的扭矢，显然，曲面片上的每个角点都有这样的扭矢。

（2）Coons 曲面片的构造　如果给定四条在空间围成封闭曲边四边形的参数曲线 $P(u,0)$、$P(u,1)$、$P(0,v)$、$P(1,v)$　（$u,v \in [0,1]$），要想构造出一张 Coons 曲面片 $P(u,v)$　（$u,v \in [0,1]$），不仅要以给定的四条参数曲线为边界，还要保持四条曲线的跨界切矢。

已知曲面的四条边界线分别是 $P(u,0)$、$P(u,1)$、$P(0,v)$、$P(1,v)$，四条边界线的跨界切矢分别是 $P_v(u,0)$、$P_v(u,1)$、$P_u(0,v)$、$P_u(1,v)$。

取厄密（Hermite）基函数 F_0、F_1、G_0、G_1 作为调和函数，构造双三次 Coons 曲面。

在 u 向可得曲面 $P_1(u,v)$。

$$P_1(u,v) = F_0(u)P(0,v) + F_1(u)P(1,v) + G_0(u)P_u(0,v) + G_1(u)P_u(1,v) \tag{4-26}$$

在 v 向可得曲面 $P_2(u,v)$。

$$P_2(u,v) = F_0(v)P(u,0) + F_1(v)P(u,1) + G_0(v)P_v(u,0) + G_1(v)P_v(u,1) \tag{4-27}$$

对角点的数据进行插值，可得曲面 $P_3(u,v)$。

$$P_3(u,v) = [F_0(u)\ \ F_1(u)\ \ G_0(u)\ \ G_1(u)]\begin{bmatrix} P(0,0) & P(0,1) & P_v(0,0) & P_v(0,1) \\ P(1,0) & P(1,1) & P_v(1,0) & P_v(1,1) \\ P_u(0,0) & P_u(0,1) & P_{uv}(0,0) & P_{uv}(0,1) \\ P_u(1,0) & P_u(1,1) & P_{uv}(1,0) & P_{uv}(1,1) \end{bmatrix}\begin{bmatrix} F_0(v) \\ F_1(v) \\ G_0(v) \\ G_1(v) \end{bmatrix} \tag{4-28}$$

则曲面 $P(u,v) = P_1(u,v) + P_2(u,v) - P_3(u,v)$　（$u,v \in [0,1]$）的边界就是已经给定的四条边界线，曲面的边界线跨界切矢就是四条边界线的跨界切矢，称为双三次 Coons 曲面片。用它来进行曲面拼合，可以自动保证整张曲面在边界位置连续。双三次 Coons 曲面片 $P(u,v)$ 改成矩阵的形式为：

$$P(u,v) = -[-1\ \ F_0(u)\ \ F_1(u)\ \ G_0(u)\ \ G_1(u)]\begin{bmatrix} 0 & P(u,0) & P(u,1) & P_v(u,0) & P_v(u,1) \\ P(0,v) & P(0,0) & P(0,1) & P_v(0,0) & P_v(0,1) \\ P(1,v) & P(1,0) & P(1,1) & P_v(1,0) & P_v(1,1) \\ P_u(0,v) & P_u(0,0) & P_u(0,1) & P_{uv}(0,0) & P_{uv}(0,1) \\ P_u(1,v) & P_u(1,0) & P_u(1,1) & P_{uv}(1,0) & P_{uv}(1,1) \end{bmatrix}\begin{bmatrix} -1 \\ F_0(v) \\ F_1(v) \\ G_0(v) \\ G_1(v) \end{bmatrix}$$

$$u,v \in [0,1] \tag{4-29}$$

第5章 参数化与特征建模技术

5.1 参数化与变量化

参数化建模系统，也叫尺寸驱动（dimension driven）系统，是 CAD 技术在实际应用中提出的课题，它可使 CAD 系统不仅具有交互式绘图功能，还具有自动绘图的功能。早期的实体造型系统属于静态造型系统或几何驱动系统（geometry driven system），这种系统中的模型一旦构建，哪怕只是想做一个细微的修改，也必须把要修改的这部分原图擦掉，重新绘图。为弥补上述不足，20 世纪 70 年代末到 80 年代初，英国剑桥大学和美国麻省理工学院率先将参数化设计用于 CAD 中。参数化建模采用尺寸驱动的方式改变几何约束构成的几何模型，在解求几何约束模型时，采用顺序求解的方法，一般要求全尺寸约束。

尺寸驱动的参数与设计对象的控制尺寸有显式对应关系，设计结果的修改受尺寸驱动，是一种动态的造型系统。

约束需要反映设计时要考虑的因素，利用一些法则或限制条件来规定构成实体的元素之间的关系。约束的种类可分为三种：结构约束（拓扑约束）、尺寸约束、参数约束。结构约束指构成图形的几何元素间的相对位置和连接方式，如垂直、平行、相切等，其属性值在参数化设计过程中保持不变；尺寸约束的对象是图中标注的尺寸，如半径、长度、角度等；参数约束指用表达式来表示尺寸参数之间的关系。图 5-1 示出的为参数化设计中修改某一尺寸的过程。

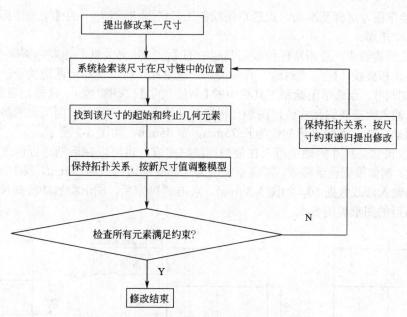

图 5-1 参数化设计中修改某一尺寸的过程

全尺寸约束及顺序求解约束的特点决定了参数化建模方法建立的模型结构基本是定型的，在使用上表现为只能对原有设计做继承性修改，而不能实现初始设计方案的重大改变。因此，这种建模方式适合用来建立系列化标准零件库以及系列化产品设计。目前主流的 CAD

系统，如 Pro/Engineer、CATIA、UGII 都已具备参数化建模的功能。

值得一提的是，目前许多软件所称的参数化建模，实际已经混合了另一项技术，即变量化建模技术。变量化建模采用约束驱动的方式改变由几何约束和工程约束混合构成的几何模型。变量化和参数化建模的共同点是两者均是基于约束的设计，但在约束模型的建立和求解方法方面两者有根本区别。

① 变量化建模技术采用约束方程组整体求解。这种与约束顺序无关的求解方法使得建模时的约束条件没有先后顺序区别，约束关系可以根据设计需要而更改。

② 变量化建模技术扩大了约束种类，除支持结构、尺寸、参数三类几何约束外，还能支持复杂的工程约束，如面积、刚度、强度、动力学、运动学等限制条件或计算方程，并将这些工程约束条件与设计尺寸联系，例如可以根据质量来驱动球半径的修改。

由于变量化建模技术允许尺寸欠约束的存在，设计者可以采用先形状后尺寸的设计方式，设计过程更加灵活、宽松。但是大型约束方程的求解效率和稳定性都不如参数化建模技术。为了实现优势互补，更好地满足不同的设计需求，目前的趋势是将这两种技术结合在一起，统称为参数化建模系统。

5.2 商用 CAD 系统参数化建模实例

本节以参数化实体造型软件 Solidworks 2006（简称 Solidworks）为例，说明参数化建模系统的功能与运用。

5.2.1 二维草图绘制中的参数化功能运用

一般绘制二维图形的步骤为：初绘草图→添加几何关系→修改尺寸→完成。以简单图形——矩形为例，设计步骤如下。

① 初绘草图。选择基准面，点选草图绘制工具栏 `%草图绘制` 中的【矩形图标】 `□矩形`，粗略绘制一个矩形。

② 建立结构约束。点击草图绘制工具栏中的【添加几何关系】 `⊥添加几何关系`，选择需要约束的中心线和直线，建立"对称"几何关系。重复此步骤，使矩形两边关于中心线对称。

③ 添加尺寸。点选草图绘制工具栏中的【智能尺寸】 `◇智能尺寸`，选择相应图形元素后，在弹出框内输入所需要的尺寸值，图形会根据尺寸值调整，这就是前面所说的参数化建模系统的尺寸驱动功能。本例设计初值为长 75mm，宽 45mm，如图 5-2 所示。

④ 修改尺寸。尺寸的确定可以在最初标注时完成，也可以在后期进行修改，图形自动随数值更改，例如根据设计需要，需将原长度为 75mm 的边修改为 50mm，双击尺寸数值 75，在弹出框内输入修改数据 50，如图 5-3 所示。点击 ✔ 确定后，图形将自动根据尺寸数据进行调整，更新后的图形见图 5-4。

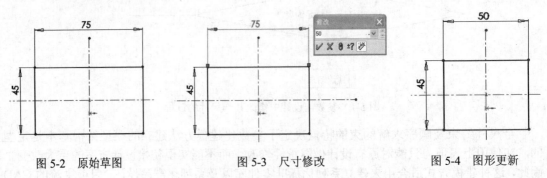

图 5-2　原始草图　　　　　　图 5-3　尺寸修改　　　　　　图 5-4　图形更新

⑤ 完成设计，存盘并退出系统。

5.2.2　三维形体设计中的参数化功能运用

以一个简单的拉伸特征零件为例，说明三维形体设计中的参数化功能运用。由于设计变动，需要将已有的模型中某部分形状进行继承性修改，可以通过参数化建模系统的尺寸驱动特点直接修改尺寸而不需要重新绘制模型。图 5-5 中的一系列零件是利用同一个模型，就是通过尺寸驱动的方式更新模型所得的结果，下面介绍具体方法。

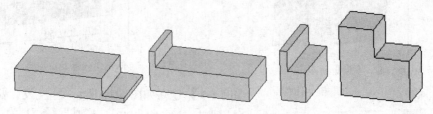

图 5-5　尺寸驱动的模型

① 打开已有零件"尺寸驱动"。在特征栏中双击所要修改特征的名，例如本例将修改特征"A"中的尺寸。在特征栏中双击特征名 A，图形上将显示该特征的所有尺寸数据，如图 5-6 所示。

② 双击所需修改的尺寸数据，例如设计需要将图中长度为 10mm 部分加长至 40mm。在图形区双击尺寸数值 10，弹出如图 5-7 所示的数据修改框，在对话框中输入新数据 40，单击 ✔ 确认。

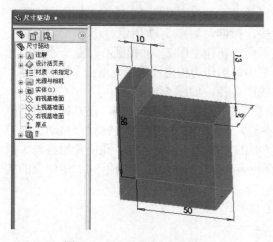

图 5-6　显示所有尺寸数据

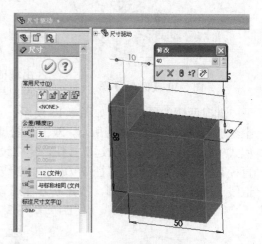

图 5-7　修改尺寸数据

③ 单击【重建模具】按钮 ⑧。模型自动根据尺寸数值进行更新，此时若再次双击特征名 A，则再次显示该特征的所有尺寸，可以清楚看见修改后的尺寸值，如图 5-8 所示。

使用这种方法修改模型不仅可以修改特征中的草图尺寸，还可以修改特征中的参数和尺寸，比如本例模型是由一个拉伸特征构建的，拉伸参数的距离是模型的厚度，初始设计值为 25mm。若根据设计需要，将模型厚度修改为 1mm，可以采用上述方法进行设计修改，例如将特征参数从 25mm 修改为 1mm，模型更新后成为如图 5-9 所示的薄件。

5.2.3　使用方程式定义、修改各种参数关系

在 Solidworks 中可以利用方程式来定义、修改各种参数关系，下面以两个设计任务为例来说明。

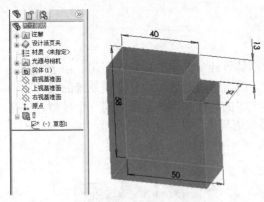

图 5-8   模型更新

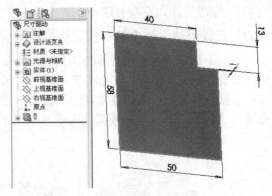

图 5-9   特征尺寸驱动

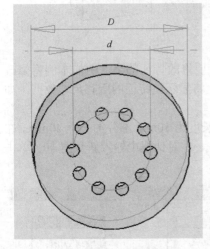

图 5-10   【例 5-1】图

【例 5-1】建立如图 5-10 所示模型, 设计要求如下。

① 小孔直径 $\phi 17$ mm, 大圆直径 D 为驱动数据 ($D \geqslant 100$ mm)。

② 小孔位置始终与大圆直径有关, 小孔定位圆直径 $d=D/2$。

③ 小孔沿圆周匀布, 小孔数量 n 与小孔定位圆直径有关, $n=d/10$。

模型建成后, 只需修改大圆直径, 阵列孔 (小孔) 的数量、位置将随之改变。

在前视基准面上建立草图 1, 捕捉坐标原点, 画任意圆, 标注, 拉伸, 如图 5-11 所示。

点取圆面, 新建草图 2, 捕捉圆心, 画一小圆, 在出现的选项中勾选作为构造线选项, 点击【智能尺寸】, 拉出构造线圆直径, 如图 5-12 所示。

此时两圆的原始尺寸如图 5-13 所示。点击【工具菜单】→【方程式】, 在方程式对话框中添加方程式。如图 5-14 所示, 双击草图尺寸参数, 该尺寸在系统内的名称就会自动加入方程式中。在点击面板上的运算按钮, 建立设计需要的方程式。本例规定小孔位置始终与大圆直径有关, 小孔定位圆直径 $d=D/2$, 中心线圆直径为大圆直径的 1/2, 将图 5-12 中建立的构造线圆用作小孔的定位圆, 故建立方程式

"D1@草图 2" = "D1@草图 1" / 2

(a) 建立草图 1

(b) 草图 1 拉伸

图 5-11   草图拉伸

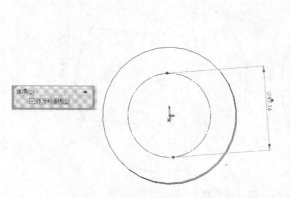

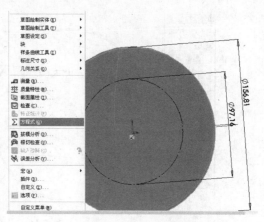

图 5-12　标注构造线圆直径　　　　　　　图 5-13　原始尺寸

此时草图 2 的构造线圆的尺寸数值前多了"Σ"符号，自动更新为大圆直径的 1/2，即从 97.16mm 调整为 78.40mm，如图 5-15 所示。

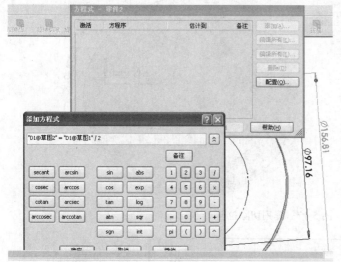

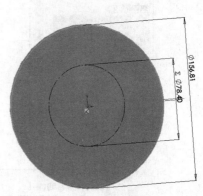

图 5-14　建立方程式　　　　　　　图 5-15　小孔定位构造线圆方程解

说明：在 Solidworks 图形区，尺寸值前的 Σ 符号不代表求和的意思，而是表明该尺寸值是方程式的求解结果。

编辑草图 2，画 ϕ17mm 小圆，添加几何关系，使小圆圆心与构造线圆重合，完成草图 2，如图 5-16 所示。

利用小圆进行切除拉伸，并对该切除拉伸特征进行圆周阵列，阵列个数初设为 3，等间距 360° 匀布，如图 5-17 所示。

双击特征栏中的阵列（圆周）1，模型上出现阵列尺寸参数：3 和 360°，添加方程式，双击特征参数"3"，方程式中自动出现参数名"D1@阵列（圆周）1"，如图 5-18 所示。

如图 5-19 所示，建立阵列个数与构造线圆直径的关系式

$$\text{"D1@阵列(圆周)1"} = \text{"D1@草图 2"} / 10$$

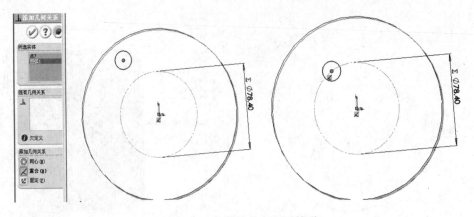

图 5-16　孔草图与定位圆关联

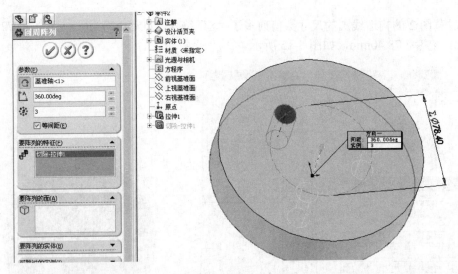

图 5-17　阵列切除拉伸

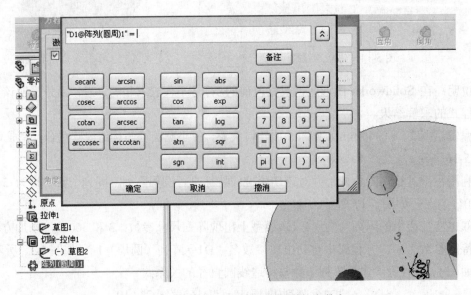

图 5-18　在方程式中添加阵列数量的参数名

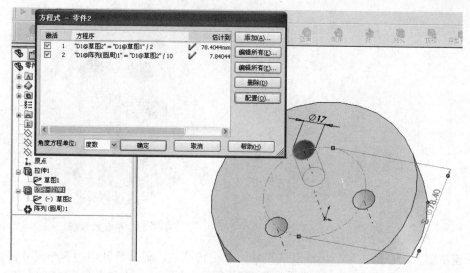

图 5-19 阵列个数与构造线圆直径的关系式

点击 📷 按钮，模型更新后如图 5-20 所示。此时模型自动根据设定的参数条件调整，构造线圆直径已满足要求，小孔的数量由原来的 3 个更新为 8 个。

下面检验模型是否满足设计要求。大圆直径 D 为驱动数据，故修改大圆直径，将初绘时的 D=156.81mm 改为 D=100mm，单击 ✔ 确定。此时的模型尚未更新，阵列个数仍为 8 个，如图 5-21 所示。

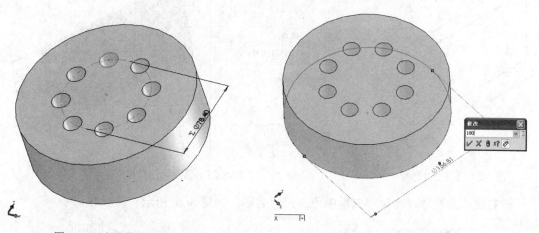

图 5-20 小孔数量方程解   图 5-21 修改大圆直径 D

点击 📷 按钮，模型按照方程定义更新。双击草图 2 查看数据，小圆（小孔）的定位圆直径显示如图 5-22 所示，满足小孔位置与大圆直径关系，即定位圆直径 d=D/2=50mm；双击阵列特征，阵列参数显示如图 5-23 所示，满足了小孔数量 n 与定位圆直径关系 n=d/10=5。可见，采用参数化设计方法可以很好的根据设计需要来定义和调整模型中各参数之间的关系。

【例 5-2】 设计如图 5-24 所示立方体，该立方体必须同时满足下列条件。
① 体积条件。$L \times B \times H$=1296mm^3。
② 截面的周长条件。$2 \times (L+B)$=54mm
③ 特殊情况下的截面面积条件。$L \times B$=162mm^2。

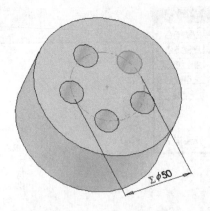

图 5-22　小孔位置解

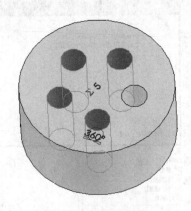

图 5-23　小孔数量解

　　新建草图，画任意矩形，标注默认尺寸，双击特征名，显示特征中的各个尺寸，单击长度尺寸，例如本例中的 93.49，在弹出的尺寸对话框中将标注尺寸文字改为 "L=<DIM>"，模型中的尺寸标注即在尺寸数据前加上 "L=" 的标记，如图 5-25 所示。按此方法将宽度和高度尺寸的标注尺寸文字分别加上 "B=" 和 "H="。

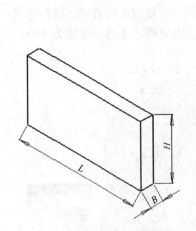

图 5-24　【例 5-2】图

图 5-25　修改标注尺寸文字

　　按右键单击尺寸，在尺寸属性中更改尺寸名称，如图 5-26 所示。

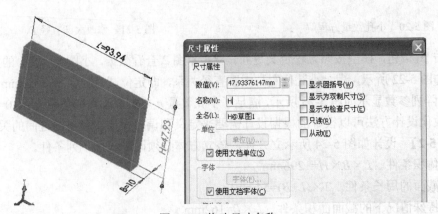

图 5-26　修改尺寸名称

建立如图 5-27 所示方程组。该方程组同时满足了任务规定的体积条件 $L \times B \times H = 1296\ mm^3$ 及周长条件 $2 \times (L+B) = 54mm$。图 5-27 所建方程组中，B 为驱动值，当 B 发生改变时，L、H 的数值随之改变，以满足事先设定的体积和周长条件。图 5-28 给出了当 B 改为 10 和 2 后模型更新的结果。

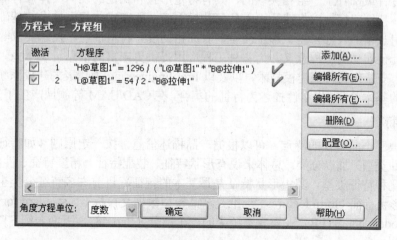

图 5-27 建立方程组

若设计需要再增加一项截面的面积条件：$L \times B = 162mm^2$，则建立"B@拉伸 1" = 162 / "L@草图 1"的方程式。将此式与图 5-27 示出的方程组联立，得

$$\begin{cases} \text{"H@草图 1"} = 1296 / (\text{"L@草图 1"} * \text{"B@拉伸 1"}) \\ \text{"L@草图 1"} = 54 / 2 - \text{"B@拉伸 1"} \\ \text{"B@拉伸 1"} = 162 / \text{"L@草图 1"} \end{cases}$$

可求出方程组 L、B、H 的唯一解，此时模型尺寸固定，无可变量，如图 5-29 所示。

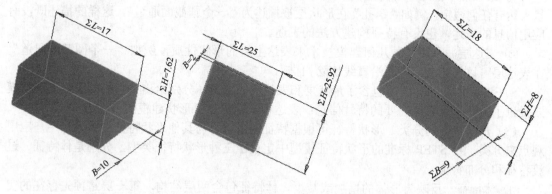

图 5-28 B 不同取值时 L、H 求解结果及模型更新情况   图 5-29 方程组解

5.3 特征建模

5.3.1 特征

特征产生的背景是以 CSG 和 B-Rep 为代表的几何建模技术已较为成熟，实体建模系统在工业生产中得到了广泛应用。此时，用户对实体建模系统也就提出了更高的要求。用户要

求建模系统除了满足自身信息的完备性之外，还必须为其他系统，如 CAM、CAPP、ERP 等提供反映设计人员意图的非几何信息，如公差、材料等信息。几何建模系统建立的三种模型都是从几何的角度出发的，而对于非几何信息，如材料、公差、工艺、成本等，则没有反映出来，因而实体的信息是不完整的。在这种需求的推动下，出现了特征建模技术。

特征是零件或部件上一组相关联的，具有特定形状和属性的几何实体，有着特定的设计或制造意义。特征建模技术将特征引入几何建模系统，即在实体建模技术的基础上，在已有几何信息上附加诸如尺寸公差、形位公差、表面粗糙度、材料性能、技术要求等制造信息，从而增加了几何实体的工程意义，为各种工程应用提供更丰富的信息。20 世纪 80 年代末出现的参数化、变量化的特征建模技术，以及以 Pro/ Engineering 为代表的建模系统，将特征作为零件定义的基本单元，将零件描述为特征的集合，在 CAD/CAM 等领域产生了深远的影响。

5.3.2　形状特征

特征反映了产品零件的特点，可以根据产品描述信息，按一定原则（如特征形状、应用领域和零部件类型）加以分类。总体来说有形状特征、装配特征、精度特征、性能分析特征、补充特征等几种特征类型。其中形状特征是最基本的特征；目前许多特征分类也多以形状为主导展开。形状特征（form features）标准是产品模型数据交换标准（standard for the exchange of product model data, STEP）中集成资源类的一个部分（Part 48），下面介绍 STEP 标准中的形状特征。

（1）形状特征的定义　形状特征是指符合一定原型，并与特定应用有关的几何形状，即形状特征同时包含参数化的标准几何形状信息和相应的应用信息。由于形状特征包含了应用信息，因此用形状特征描述一个零件更易于应用人员理解。

（2）形状特征的数据层次　为有效解决产品描述问题中几何形状的一般性和应用概念的特殊性之间的矛盾，将形状特征的定义分为三个数据层次。

① 应用层。应用层特征不是纯形状概念，它包含了来自应用领域的非形状内容，例如"销孔"，这个概念既包括了形状概念也包括了应用领域的信息。

② 形状层。描述一个产品的一般形状性质，它不含与应用领域相关的内容，也不对形状表达有任何假定，例如"销孔"在形状层被描述为"一个圆截面通道"，这样的描述既没有应用信息的表述，也没有特征构建方法的表述。

③ 表达层。利用某种几何建模技术来表达上层的形状性质，例如"一个圆截面通道"在表达层可以描述成"圆面沿直线切除扫描"。

STEP 标准的 Part 48 中包含了形状层和表达层的定义，分别给出了它们的模式。形状模式提供了关于形状表达需要的特性信息；表达模式则提供了形状建模的多种方式。

（3）形状特征的分类　形状特征可根据特征的形状、与其他形状特征的关系、用户应用观点来分类。在 STEP 标准的形状特征模型中定义了三种形状特征类型，分别是体特征、过渡特征和分布特征。

① 体特征。反映为形体的增加或减少。体特征包含两层结构，第一层是预先存在的实体，第二层是增加的特征（正特征）或者是减少的特征（负特征）。

例如，凸台可看做增加的特征，孔可看做减少的特征，如图 5-30 所示。

② 过渡特征。表达一个形体的各表面间分离或结合情况，圆角和倒角是其典型的应用。如图 5-31 所示是 Solidworks 中的各种圆角过渡特征。

③ 分布特征。表达一组相同的形状特征按一定规则的排列，比如齿轮的齿、阵列孔等。图 5-32 示出的是具有分布特征的零件。同样，分布特征也有正特征和负特征之分，也是两层结构，如图 5-33 所示。

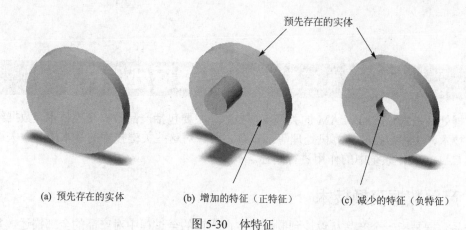

(a) 预先存在的实体　　　　　(b) 增加的特征（正特征）　　　　(c) 减少的特征（负特征）

图 5-30　体特征

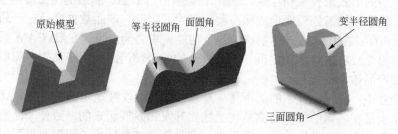

图 5-31　各种圆角过渡特征

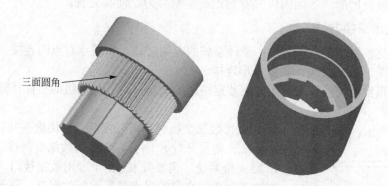

图 5-32　具有分布特征的零件

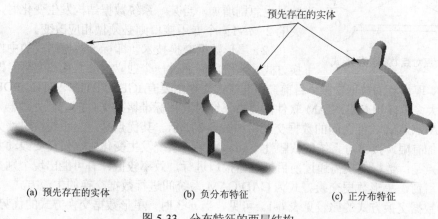

(a) 预先存在的实体　　　　　(b) 负分布特征　　　　　(c) 正分布特征

图 5-33　分布特征的两层结构

第6章 CAD/CAM 数据处理技术

数据处理技术是 CAD/CAM 的关键支撑技术，主要包括产品数据交换技术、数据结构和数据库技术、工程数据的计算机处理等。本章主要针对这些关键技术的基本概念、关键内容以及在 CAD/CAM 系统中的作用进行阐述。

6.1 产品数据交换技术

产品数据是指一个产品从设计到制造的生命周期的全过程中对产品的全部描述，并需以计算机可以识别的形式来表示和存储。产品数据是在产品设计-制造的生命周期全过程中，通过数据采集、传递和加工处理而形成和不断完善的。因此，产品数据交换在产品生命周期中频繁地进行，例如：在 CAD/CAM 系统的各个功能模块之间；同一 CAD/CAM 系统的不同版本之间；不同的 CAD/CAM 系统之间；产品设计的各个部门之间；产品生命周期的各个过程之间等均需要产品数据的交换。

由于在企业中，计算机技术的应用往往是逐步地、阶段性地实施，而且 CAD/CAM 系统的各模块基本上是在各自的模型数据结构上独立开发和发展起来的，致使产品数据交换技术成为能否实现系统集成的关键技术。近年来，产品数据交换技术的研究取得了很大的进展，但并没有完全解决问题，各国的研究者们正在不断努力，使其完善。

6.1.1 产品数据交换方法

实现数据交换通常有两种方法：通过系统的专用接口，实现点对点的连接；通过一个中性（与系统无关）公共接口，实现星形连接。

（1）点对点数据交换技术 即专用数据格式的交换，是一种初级的文件传输交换与集成方法。

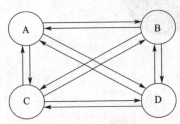

如图 6-1 所示，系统 A 与系统 B 进行数据交换时，需开发两个专用数据接口，如果有 n 个系统，则需开发 $n(n-1)$ 个专用数据交换接口，图 6-1 所示为 4 个系统，需要开发 12 个专用数据接口。采用点对点方法进行数据交换的优点是：运行效率高，易于实现，不会丢失信息等；缺点是当系统数量增大时，需开发的专用接口数量也急剧增加，当某一系统数据结构发生变化时，与之相关的 $2(n-1)$ 个专用接口则必须做相应改变。

图 6-1 点对点数据交换形式

（2）星形数据交换技术 即标准数据格式的中性文件交换方式。系统之间通过一个独立的公共接口文件，即标准格式文件，实现相互的数据交换。目前，标准格式文件主要有 IGES、STEP、STL、PDES、SET 等，并且大多数商用 CAD/CAM 软件都提供了针对具体标准格式文件的前后处理器，用于实现不同 CAD/CAM 软件之间的数据交换，如图 6-2 所示。其优点是：当系统数量增大时，接口数量增加有限，接口对系统的依赖性不高，当某一系统发生变化时，仅需要改动两个接口即可；缺点是：数据交换需通过前后处理器接口进行，效率较低，有可能出现个别数据丢失的现象。目前，星形数据交换方式为 CAD/CAM 系统间进行数据交换的主流方式。

两种数据交换方式的比较见表 6-1。可见，当 $n>3$ 时，星形数据交换方式的优势较明显。

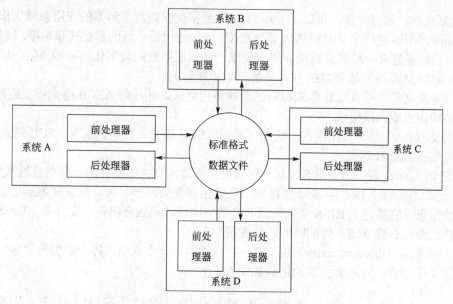

图 6-2 星形数据交换形式

表 6-1 两种数据交换方式的比较

交 换 方 式	接口开发数量	对系统的依赖性	信 息 遗 失
点对点交换	$n(n-1)$	需改动 $2(n-1)$ 个接口	—
星形交换	$2n$	需改动 2 个接口	可能出现

6.1.2 图形文件常用数据交换标准

（1）图形数据交换标准 IGES 初始图形交换规范 IGES（initial graphics exchange specification）是由美国国家标准局（NBS）主持开发的数据交换规范。最初开发的目的是在计算机绘图系统数据库上实现数据交换。IGES 开发吸取的思想主要来自波音公司的 CAD/CAM 集成信息网和通用电气公司的中性数据库。IGES 草案（IGES 1.0）于 1980 年 1 月发表，最初范围仅限于工程图纸所需的典型几何图形和标注元素（entity）。1980 年春季，美国国家标准所（ANSI）Y14.26 委员会经表决，接受 IGES 作为产品数据交换标准的一部分，于 1981 年 1 月发表。与此同时，一个旨在维护 IGES 标准的委员会成立，致力于 IGES 的发展和应用。

IGES 作为 ANSI 标准发表以后，IGES 委员会主要致力于扩展 IGES 到新的领域，为此设立了一些委员会，研究新增的应用领域。1982 年，IGES 2.0 版本发表，包括了电子和有限元两个委员会完成的工作。1986 年，IGES 3.0 发表，包括了工厂规划和建筑结构工程两个委员会的工作。在几何表示方面，IGES 3.0 支持曲面和三维线框表示，只是对 IGES 1.0 有所改变，这在实际的 CAD 系统数据交换中是不够的，因为 CAD 数据很大部分以实体形式出现。IGES 在 CAM-I 的协助下开发出实体模型数据的实验规范 ESP（experimental solids proposal）。ESP 能处理边界表示模型、CSG 模型和装配体，其中的 CSG 部分成功地用于福特汽车公司的 PADL-2 系统、通用汽车公司的 GMSolid 和通用电气公司的 TRUCE 系统之间的数据交换。1988 年 6 月发表的 IGES 4.0 包括了 CSG 模型，而实体的边界模型则包含在 IGES 以后的版本中。我国 1993 年正式采纳 IGES 3.0 作为国家推荐标准 GB/T 14213—93。

从 1981 年的最初版本 IGES 1.0 到 1991 年的 IGES 5.1 版本，和最近的 IGES 5.3 版本，

IGES 逐渐成熟，日益丰富，覆盖了 CAD/CAM 数据交换的越来越多的应用领域。作为较早颁布的标准，IGES 被许多 CAD/CAM 系统接受，成为应用最广泛的数据交换标准。制订 IGES 标准的目的就是建立一种信息结构，用来完成产品描述数据的数字化表示和通信，以及在不同的 CAD/CAM 系统间以兼容的方式交换产品描述数据。

① IGES 文件采用 ASCII 格式和它的两种替代格式，即压缩 ASCII 格式和二进制格式。其文件结构由五或六段组成。

a. 标志（flag）段。仅出现在二进制或压缩 ASCII 格式文件中。压缩 ASCII 格式用 C 标识，二进制格式用 B 标识。

b. 开始（start）段。用字母 S 标识，包含可供阅读的有关该文件的一些前言性质的说明。

c. 全局（global）段。用字母 G 标识，包含由前置处理器写入、后置处理器处理的该文件所需的信息。它描述了 IGES 文件使用的参数分隔符、记录分隔符、文件名、IGES 版本、直线颜色、单位、建立该文件的时间、作者等信息。

d. 元素索引（directory entry）段。每一种元素对应一个索引，每个索引记录含有 20 项，每一项占 8 个字符。元素索引段的结构如图 6-3 所示。

1　　8	9　　16	17　　24	25　　32	33　　40	41　　48	49　　56	57　　64	65　　72	73　　80
(1)	(2)	(3)	(4)	(5)	(6)	(7)	(8)	(9)	(10)
元素类型号	参数指针	结构	线型	显示级别	视图	交换矩阵	标号显示	状态号	序号
#	⇒	#, Þ	#, Þ	#, Þ	0, Þ	0, Þ	0, Þ	#	D #
(11)	(12)	(13)	(14)	(15)	(16)	(17)	(18)	(19)	(20)
元素类型号	线权号	颜色号	参数行数	格式码	保留字段	保留域	元素标识	元素标识	序号
#	#	#, Þ	#	#				#	D #+1

图 6-3　IGES 文件元素索引段的结构
注：#表示整数；Þ表示指针。

e. 参数数据（parameter data）段。记录了每个元素的几何数据，其格式是不固定的，如图 6-4 所示。

1　　　　　　　　　　64	66　　72	73　　80
元素类型号和由参数分隔符分隔的参数列	DE 指针	P0000001
参数列的结束由记录分隔符表示	DE 指针	P0000002
实体类型号由参数分隔符分隔的参数列	DE 指针	P0000003

图 6-4　IGES 文件参数数据段的结构

f. 结束（terminate）段。只有一行，在前 32 个字符里，分别用 8 个字符记录了开始段、全局段、元素索引段和参数数据段的段码和每段的总行数。

② IGES 数据格式的特点。IGES 图形数据交换标准已广泛地应用于 CAD/CAM 系统中，是开发最早、应用最广泛，也是应用最成熟的标准格式。但仍然存在如下缺点。

a. 数据文件过大，数据转换处理时间过长。

b. 难以定义产品的全部信息，只注意了图形数据转换而忽略了其他信息的转换。

c. 在不同的 CAD 系统之间进行数据交换时，某些几何类型转换不稳定，会发生图形失真、信息丢失的现象。

（2）产品模型数据交换标准 STEP　针对 IGES 存在的缺点，国际标准化组织（ISO）所属技术委员会 TC184（工业自动化系统技术委员会）下的产品模型数据外部表示（external representation of product model data）分委员会 SC4 制订了国际统一 CAD 数据交换标准 STEP，并于 1988 年公布了 STEP 1.0。

STEP 标准是为 CAD/CAM 系统提供中性产品数据而开发的公共资源和应用模型，它涉及到了建筑、工程、结构、机械、电气、电子工程及船体结构等领域。如今，STEP 标准已经成为国际公认的 CAD 产品数据文件交换全球统一标准，许多国家都依据 STEP 标准制订了相应的国家标准。我国 STEP 标准的制订工作由 CSBTSTC159/SC4 完成，STEP 标准在我国的对应标准号为 GB16656。

产品模型数据是指为覆盖产品整个生命周期中的应用而全面定义的产品所有数据元素，它包括为进行设计、分析、制造、测试、检验和产品支持而全面定义的零部件或构件所需的几何、拓扑、公差、关系、属性和性能等数据。产品模型对于下达生产任务、直接质量控制、测试和进行产品支持功能可以提供全面的信息。STEP 为产品在它的生命周期内规定了唯一的描述和计算机可处理的信息表达形式。

STEP 的 ISO 代号为 ISO 10303，由一系列部分（Part）组成，包括五方面内容：描述方法、集成信息资源、应用协议、一致性测试和实现方法，如图 6-5 所示。

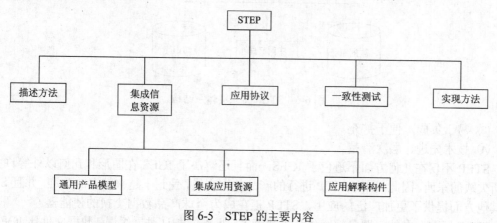

图 6-5　STEP 的主要内容

图 6-5 示出的所有内容加上概述部分共分成八系列，每一系列包括若干部分（Part），这些系列编号及含义如下。

① 00 系列。Part 01～Part 09，概述和基本原则。

② 10 系列。Part 11～Part 19，描述方法边界。

③ 20 系列。Part 21～Part 29，实现方法。

④ 30 系列。Part 31～Part 39，一致性测试方法。

⑤ 40 系列。Part 41～Part 49，通用产品模型。

⑥ 100 系列。Part 101～Part 199，集成应用资源。

⑦ 200 系列。Part 201～Part 1199，应用协议。

⑧ 1200 系列。Part 1201～Part 2199，抽象测试集。

STEP 的结构由物理层、表达层和应用层三个层次构成，具体结构如图 6-6 所示。

STEP 标准有下述四个方面的明显优越性。

① 经济效益显著。

② 数据范围广、精度高，通过应用协议消除了产品数据的二义性。

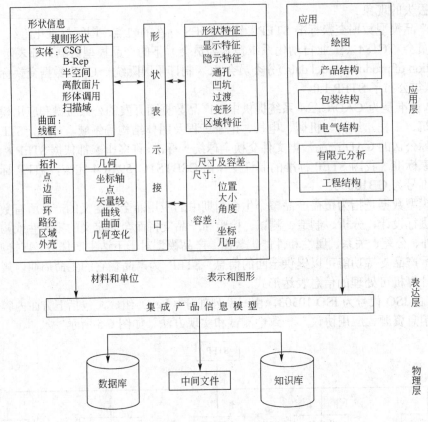

图 6-6　STEP 的三层体系结构

③ 易于集成，便于扩充。

④ 技术先进、层次清楚。

STEP 不仅在几何方面不逊色于 IGES，而且还解决了 IGES 在图形和几何以外等许多方面所欠缺的东西。因此，围绕 STEP 进行的产品数据交换，受到了越来越多的欢迎，并且 STEP 在其他方面提供了更加广泛的应用，STEP 正在成为全球产品数据交换的使能器。

STEP 标准存在的问题是整个体系极其庞大，标准的制订进展缓慢，数据文件比 IGES 更大。目前商用 CAD 系统提供的 STEP 应用协议还只有 AP203（配置控制设计），内容包括产品的配置管理、曲面和线框模型、实体模型的小平面边界表示和曲面边界表示等，以及 AP214（汽车机械设计过程的核心数据）两种。

STEP 标准作为产品模型描述的标准格式，应用越来越广泛，虽然它还不够完善，但已经表现出强大的生命力，必将成为全球工程技术人员在计算机环境下进行交流的标准语言。

（3）STL 数据交换格式　STL（sterolithography）数据交换格式是美国 3D System 公司于 1987 年开发的数据交换格式，目前在快速成型领域得到了广泛的应用。其基本原理是：以离散的小三角形面片为描述单元，来近似地描述模型表面。小三角形面片越多，对模型的描述就越精确，每一小三角形面片由其法向矢量及三角形的三个顶点坐标来描述，法向矢量的方向由实体的内部指向外部，如图 6-7 所示。

不同的 CAD/CAM 系统对通过 STL 格式转换得到的 STL 文件的质量具有很大的影响，一些比较高级的软件，如 Pro/Engineer、Unigraphic 等，在转换的过程中会自动做出检测和修补。当发现文件不能修补的时候，这些软件会终止其转换过程，并指示使用者导致不能转换的问题所在，从而减少坏文件（bad STL）的出现。同时，这些软件可以根据模型的不同形状，以不同密度的三角形面片铺出原形实体，因此可以有效地运用小三角形面片，降低文件的容积。

图 6-8 为 Pro/Engineer 与 AutoCAD 转换出来的 STL 文件的比较。由 Pro/Engineer 转成的 STL 文件容积为 37KB，而由 AutoCAD 转成的 STL 文件容积为 81KB。由 Pro/Engineer 转换出来的 STL 文件明显比 AutoCAD 转成的 STL 文件的质量好。

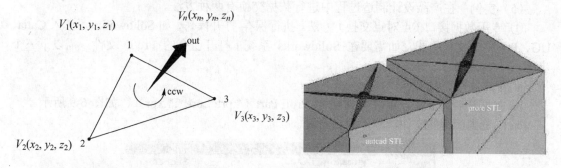

图 6-7　STL 文件的定义　　　　　　图 6-8　不同的 CAD 系统转换出的 STL 文件比较

STL 文件包含两种格式：二进制格式和 ASCII 格式。

目前，大多数商用 CAD/CAM 系统，如 Solidworks、UGNX、Pro/Engineer、AutoCAD、Catia 等都具有 STL 格式的输出模块。

（4）DXF 文件格式　DXF 为 AutoCAD 系统的图形数据文件，DXF 虽然没有被标准机构所认可，但由于 AutoCAD 系统的普遍应用，使得 DXF 成为事实上的数据交换标准。DXF 是具有专门格式的 ASCII 码文本文件，可通过 AutoCAD 的命令 DXFIN 和 DXFOUT 来读写，易于被其他程序处理。主要用于实现高级语言编写的程序与 AutoCAD 系统的连接，或其他 CAD 系统与 AutoCAD 系统交换图形文件。

① DXF 的文件结构。一个完整的 DXF 文件是由四个段和一个文件结束段组成的，顺序如下。

a. 标题段（header section）。记录 AutoCAD 系统的所有标题变量的当前值或当前状态。这些标题变量记录了 AutoCAD 系统的当前工作环境，例如，AutoCAD 版本号、插入基点、绘图界限、SNAP 捕捉的当前状态、栅格间距、式样、当前图层名、当前线型等。

b. 列表段（table section）。包含了四个表，每个表又包含可变数目的表项。这些表按照在文件中出现的顺序，依次为线型表、图层表、字样表和视图表。

c. 复合图形段（blocks section）。记录、定义每一个块的块名、当前图层名、块的种类、块的插入基点及组成该块的所有成员。块分为图形块、带有属性的块和无名块三种。无名块包括用 HATCH 命令生成的剖面线和用 DIM 命令完成的尺寸标注。

d. 实体段（entities section）。记录了每个几何实体的名称、所在图层的名称、线型名、颜色号、基面高度、厚度以及有关几何数据。

e. 结束段（end of file）。标识文件结束。

② DXF 文件格式存在的问题

a. 由于 DXF 文件制订的较早，存在很多的不足。不能完整描述产品信息模型，产品的公差、材料等信息根本没有涉及。即使产品的几何模型保留了原有系统数据结构中的几何和部分属性信息，但大量的拓扑信息已不复存在，也是不完整的。

b. DXF 文件格式不合理。文件过于冗长，使得文件的处理、存放、传递和交换不方便。另外，复杂的文件格式也使得编写一个读、写完整的 DXF 文件的接口程序是件不容易的工作。

除了上述标准格式之外，应用于 CAD/CAM 系统的主要数据交换标准还有如下三项。

a. CAD-I 标准（欧洲）。有限元和外形数据信息。

b. VDA-FS 标准（德国）。主要用于汽车工业。

c. SET 标准（法国）。主要应用于航空航天工业。

（5）实例 在产品设计制造过程中进行数据交换有两种方法。

① 专用数据接口（点对点交换）方法。执行保存-打开操作，如 Solidworks 可读入 Catia、UG、Pro/E 等文件格式，如需要在 Solidworks 系统下打开已有的 Pro/E 文件，需以下三个步骤。

a. 单击文件、打开。

b. 在打开对话框，设定文件类型为 ProE Part（*.prt;*.prt.*;*.xpr），如图 6-9 所示。

c. 浏览到所需的文件，然后单击打开。

图 6-9　在 Solidworks 系统下打开已有的其他系统的文件

② 数据交换标准接口（星形交换）方法。采用另存为-打开的操作。一般，模具设计领域往往采用.iges、.step 格式；快速成型、仿真往往采用.stl 格式。

6.2　CAD 中常用的数据结构

影响 CAD/CAM 系统运行效率的两个重要因素是程序的结构和算法、数据结构与管理。随着计算机技术在工程技术领域的广泛应用，产品设计与制造中的数据管理问题显得日益重要。本节主要简介数据结构的基本概念以及 CAD/CAM 技术中常用的数据结构。

6.2.1　数据结构的基本概念

从事物的物理状态到利用计算机描述其相关信息要经历三个不同的领域。

① 现实世界。指存在于人们头脑之外的客观世界。

② 信息世界。现实世界在人们头脑中的主观印象，是人们头脑中的主观世界。

③ 数据世界。主观世界中信息的数据，是计算机直接处理的对象，所以也称为计算机世界。

如图 6-10 所示，在数据处理中，首先应将现实世界映射为信息世界，再将信息世界映射为数据世界。三个不同的领域有各自不同的术语。

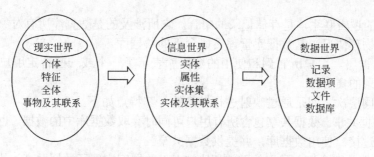

图 6-10　三个领域及其基本概念间的关系

（1）数据　数据是对客观事物的符号表示，是数值、字符及所有能输入计算机进行处理的符号的总称。通常可以分为数值型数据和非数值型数据。在计算机内部，数值型数据采用二进制来表示，非数值型数据可以分为字符、数据项、记录、文件、数据库等几个层次。文字、声音或图像等都可以成为数据的有效载体。

① 字符（character）。字符是非数值型数据的最小单位，包括数字、字母和其他符号，例如：1、2.0、a、M、＋、－、*、/、#、%、&等。

② 数据项（data item）。数据项是最基本的数据元素，它不可分割，并且有一个名称，其名称由一组字符组成，例如：对于实体"机械压力机"来说，它有"型号"、"公称压力"、"最大装模高度"、"行程"等数据项。

③ 记录（record）。记录是由相关数据项的集合构成的。每一个具体的记录都是由描述实体的所有属性值构成的，例如表 6-2 所列的某大学的学生成绩表中列出 5 条记录。

表 6-2　学生成绩表

课程 姓名/学号	塑性成型原理	材料成型设备及控制	冲压工艺及模具设计	注塑模具设计	模具加工工艺	CAD 上机实习
王　杰/ 053103110	84	79	88	74	78	B
张　宇/ 053103111	72	69	65	60	58	D
赵晨吉/ 053103112	61	56	77	80	68	C
刘小雨/ 053103113	88	92	95	89	80	A
李　娜/ 053103114	94	80	90	79	78	A
⋮	⋮	⋮	⋮	⋮	⋮	⋮

④ 文件（file）。由相同的记录构成的集合。若干记录以一个文件的形式存放，例如表6-2 学生成绩表共有 5 条记录，记录了该班级 5 位同学的所有第七学期的成绩，第一行为数据项的名称，以下各行为这些数据项的值，数据项值的取值范围称做数据项的域。

⑤ 数据库。一个通用的综合性数据集合，具有最小的数据冗余度和很高的数据独立性，能为多个用户共享。数据库的基本结构分三个层次，反映了观察数据库的三种不同角度。

a. 物理数据层。数据库的最内层，是物理存储设备上实际存储的数据的集合。这些数据是原始数据，是用户加工的对象，由内部模式描述的指令操作处理的位串、字符和字组成。

b. 概念数据层。数据库的中间一层，是数据库的整体逻辑表示。指出了每个数据的逻辑定义及数据间的逻辑联系，是存储记录的集合。它所涉及的是数据库所有对象的逻辑关系，而不是它们的物理情况，是数据库管理员概念下的数据库。

c. 逻辑数据层。用户所看到和使用的数据库表示了一个或一些特定用户使用的数据集合，即逻辑记录的集合。

数据库不同层次之间是通过映射进行转换的，其特点如下。

a. 实现数据共享。数据共享包含所有用户可同时存取数据库中的数据，也包括用户可以用各种方式通过接口使用数据库，并提供数据共享。

b. 减少数据的冗余度。同文件系统相比，由于数据库实现了数据共享，从而避免了用户各自建立应用文件，减少了大量重复数据，减少了数据冗余，维护了数据的一致性。

c. 数据的独立性。数据的独立性包括数据库中数据的逻辑结构和应用程序相互独立，也包括数据物理结构的变化不影响数据的逻辑结构。

d. 数据实现集中控制。文件管理方式中，数据处于一种分散的状态，不同的用户或同一用户在不同处理中其文件之间毫无关系。利用数据库可对数据进行集中控制和管理，并通过数据模型表示各种数据的组织以及数据间的联系。

e. 具备数据一致性和可维护性，以确保数据的安全性和可靠性。主要包括：安全性控制，以防止数据丢失、错误更新和越权使用；完整性控制，保证数据的正确性、有效性和相容性；并发控制，使在同一时间周期内，允许对数据实现多路存取，又能防止用户之间的不正常交互作用；故障的发现和恢复，由数据库管理系统提供一套方法，可及时发现故障和修复故障，从而防止数据被破坏。

数据库发展可大致划分为如下四个阶段。

a. 人工管理阶段。

b. 文件系统阶段。

c. 数据库系统阶段。

d. 高级数据库阶段。

数据库通常分为层次式数据库、网络式数据库和关系式数据库三种。而不同的数据库是按不同的数据结构来联系和组织的。

（2）数据结构（data structure）　数据结构是计算机存储、组织数据的方式。数据结构是指相互之间存在一种或多种特定关系的数据元素的集合。通常情况下，精心选择的数据结构可以带来更高的运行或者存储效率的算法。数据结构往往同高效的检索算法和索引技术有关。

数据结构在计算机科学界至今没有标准的定义。人们根据各自的理解而有不同的表述方法。

a. Sartaj Sahni 在他的《数据结构、算法与应用》一书中称："数据结构是数据对象，以及存在于该对象的实例和组成实例的数据元素之间的各种联系。这些联系可以通过定义相关的函数来给出。"他将数据对象（data object）定义为一个数据对象是实例或值的集合。

b. Clifford A.Shaffer 在《数据结构与算法分析》一书中的定义是："数据结构是抽象数据类型（abstract data type，ADT）的物理实现。"

c. Lobert L.Kruse 在《数据结构与程序设计》一书中，将一个数据结构的设计过程分成抽象层、数据结构层和实现层。其中，抽象层是指抽象数据类型层，它讨论数据的逻辑结构及其运算，数据结构层和实现层讨论一个数据结构的表示和在计算机内的存储细节以及运算的实现。

总之，数据结构指的是数据之间的关系。

选择合适的数据结构是非常重要的。在程序设计中，数据结构的选择是一个基本的设计考虑因素。许多大型系统的构造经验表明，系统实现的困难程度和系统构造的质量都严重的取决于是否选择了最优的数据结构。选择了数据结构，算法也随之确定，数据结构是系统构造的关键因素。

数据结构作为一门独立的课程，在国外是从 1968 年才开始设立的。1968 年，美国唐·欧·克努特教授开创了数据结构的最初体系，他所著的《计算机程序设计技巧》第一卷《基本算法》是第一本较系统地阐述数据的逻辑结构、存储结构及其操作的著作。数据结构在计算机科学中是一门综合性的专业基础课。数据结构是介于数学、计算机硬件和计算机软件三者之间的一门核心课程。数据结构这一门课的内容不仅是一般程序设计（特别是非数值性程序设计）的基础，而且是编译程序、设计和实现操作系统、数据库系统及其他系统程序的重要基础。

6.2.2　数据结构的分类

数据结构可分为数据的逻辑结构和数据的存储结构。通常认为，一个数据结构是由数据元素依据某种逻辑联系组织起来的。对数据元素间逻辑关系的描述称为数据的逻辑结构。数据必须在计算机内存储，数据的存储结构是数据结构的实现形式，是其在计算机内的表示。讨论一个数据结构，必须同时讨论在该类数据上执行的运算才有意义。

（1）数据的逻辑结构（logical structure）　所谓数据的逻辑结构，是指数据之间的逻辑关系，是对具体问题的一种抽象，它与数据的存储介质无关。图 6-11 示出了曲柄压力机及其各机构、零部件隶属关系的逻辑结构，由图可知，曲柄压力机是由曲柄滑块机构（即工作机构）等五大机构和其他部分组成的，而各个机构又是由不同的零部件组成的，这是一个典型的树状逻辑结构，体现的是层次之间的关系。

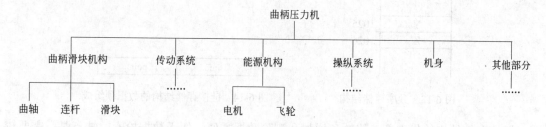

图 6-11　曲柄压力机及其组成机构树型结构图

图 6-12 所示为某种汽车覆盖件冲压成型及热处理工艺流程图，这是一种网状结构，共有 12 个生产工艺步骤，有些工序是可以并行、交叉进行的，其生产工艺安排不是唯一的。

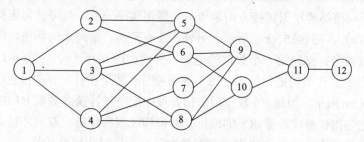

图 6-12　某工件的工艺流程图

（2）数据的存储结构（physical structure）　数据的存储结构通常也称为数据的物理结构，是指数据在计算机存储设备中的表示，它从存储的角度来描述数据间的关系。数据的逻辑结构是呈现在人们面前的逻辑形式，是从应用的角度出发对数据的表示。将数据以某种形式存入计算机的存储系统，就构成了数据的存储结构。同一逻辑结构可以对应多种不同的存储结构，但采用不同的存储结构进行数据处理时的效率和所占用的存储空间是不同的。反之，不同的逻辑结构也可以采用同一种存储结构来存储。数据存储结构主要包括顺序存储方法和链接存储方法两种。

① 顺序存储结构。把逻辑上相邻的节点存储在物理位置上相邻的存储单元里，节点间的逻辑关系由存储单元的邻接关系来体现，由此得到的存储表示称为顺序存储结构。它一般适用于具有线性关系的逻辑结构，其存储顺序与逻辑顺序是一致的，例如：大写英文字母表 A、B、C、D、…、X、Y、Z 是典型的线性结构，其顺序存储结构如图 6-13 所示。

顺序存储结构的优点是：占用的存储单元少，节省内存；原理简单，易于操作；结构紧凑。它的缺点是数据结构缺乏柔性，不适合数据的修改、补充和删除。因此，顺序存储结构适用于那些无需频繁的修改、补充和删除的数据，如星期列表、英文字母表、齿轮模数列表以及工程手册中的众多数据列表等。

② 链接存储结构。该方法不要求逻辑上相邻的节点在物理位置上亦相邻，节点间的逻辑关系由附加的指针字段表示，由此得到的存储表示称为链接存储结构。其数据项由两部分组成：信息（info）段和指针（point）段，如图 6-14 所示，指针段存放逻辑上下一个数据的地址，访问或调用数据时，只要检索到第一个数据，就可以按照指针段的信息依次检索到所有数据，建立起数据节点间的逻辑链接。

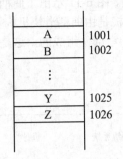

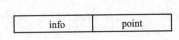

图 6-13   顺序存储结构   图 6-14   链接存储结构的数据项组成

链接存储结构的优点是：修改、增加和删除数据方便，便于数据检索。缺点是：需要较大的存储空间。普遍应用于如树、图等非线性结构，也常应用于表、数组等线性结构。常用的链接存储结构主要有单向链结构、双向链结构、多项链结构三种。

a. 单向链结构。在单向链结构中的各个数据元素通过一个指针构成单向链状结构，其链接方向单一。单向链结构根据链接方向是否与其逻辑顺序一致，又可分为正向链和反向链，分别如图 6-15（a）、图 6-15（b）所示。另外，还有正向、反向单向环链，即单向链结构中最后的数据节点的指针指向第一个数据的地址，分别如图 6-15（c）、图 6-15（d）所示。

b. 双向链结构。在双向链结构中，每个数据项带有两个指针，分别按正、反两个方向链接，如图 6-15（e）所示。如果 R5 数据项的指针项中把空指针换成数据 R1 的地址，R1 数据项的指针项中把空指针换成数据 R5 的地址，即可构成双向环链。双向环链可以从任意数据开始检索，并可按两个方向分别检索，存取效率较高，同时容错性较好。

c. 多向链结构。在多向链结构中，每个数据项可以根据实际需要带有多个指针，实现与逻辑关系比较一致的存储链接关系，如图 6-15（f）所示。

与顺序存储结构不同，无论哪一种链接存储结构，都可以方便的修改、增加和删除数据，而不影响其他数据的存储。

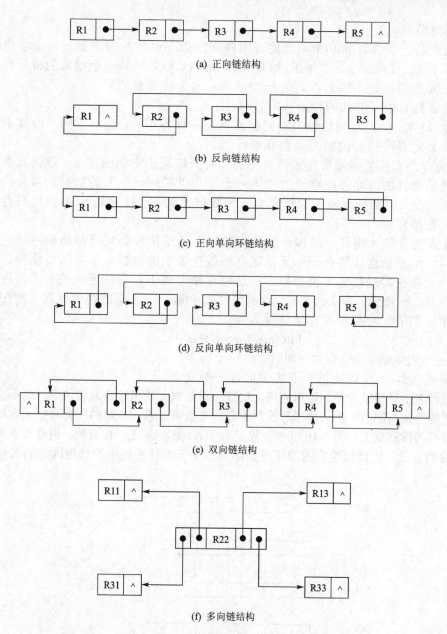

(a) 正向链结构

(b) 反向链结构

(c) 正向单向环链结构

(d) 反向单向环链结构

(e) 双向链结构

(f) 多向链结构

图 6-15　链接存储结构的六种主要形式

6.2.3　常用的数据结构

CAD/CAM 系统中常用的数据结构主要包括线性表、栈与队列、数组、串等线性结构和树、二叉树、图、网等非线性结构。

（1）线性表　线性表是最基本、最简单，也是最常用的一种数据结构。线性表中数据元素之间是一对一的关系，即除了第一个和最后一个数据元素之外，其他数据元素都是首尾相接的。线性表的逻辑结构简单，便于实现和操作。因此，线性表在实际应用中是广泛采用的一种数据结构。

线性结构中的节点一般有且仅有一个开始节点，没有前驱，但有一个后继节点；有且仅有一个终端节点，没有后继，但有一个前驱节点，其他的节点都有且仅有一个前驱和一个后继节点。

线性表是一个含有 $n \geqslant 0$ 个节点的有限序列，当 $n=0$ 时称为空表。对于非空的线性表($n>0$)，记做：$L=(a_1, a_2, \ldots, a_n)$，数据元素 a_i（$1 \leqslant i \leqslant n$）只是一个抽象的符号，其具体含义在不同的情况是不同的，a_1 为开始节点，a_n 为终端结点。

线性表具有如下的结构特点。

① 均匀性。虽然不同线性表的数据元素是各种各样的，但对于同一线性表的各数据元素，必定具有相同的数据类型和长度。

② 有序性。各数据元素在线性表中的位置只取决于它们的序号，数据元素之间的相对位置是线性的，即存在唯一的"第一个"和"最后一个"的数据元素，除了第一个和最后一个外，其他元素前面均只有一个数据元素（直接前趋），后面均只有一个数据元素（直接后继）。

线性表的存储（物理）结构一般分为顺序存储结构和链式存储结构两种。顺序存储是指用一组地址连续的存储单元依次存储线性表中的数据元素，从而使得逻辑上相邻的两个元素在物理位置上也相邻。在这种存储方式下，存储逻辑关系无需占用额外的存储空间。一般地，以 Loc（a_1）表示线性表中第一个元素的存储位置，则在顺序存储结构中，第 i 个元素 a_i 的存储位置为：

$$Loc(a_i)=Loc(a_1)+(i-1)L \tag{5-1}$$

式中　L——表中每个元素所占空间的大小。

根据式（5-1）可以随机存取表中的任一个元素。

在线性表的顺序映像中，可以方便、快捷地对数据元素进行存取和访问，但不方便进行数据元素的增加与删除，因为要增加或删除任一个数据元素，其后的所有数据元素均需要移动，使数据的移动量大。图 6-16 以 5 个数据元素 A、B、C、D、E 为例，说明节点数据的增加与删除的方式，因此线性表的顺序存储结构适用于设计手册中的较为固定的大量数据的存储。

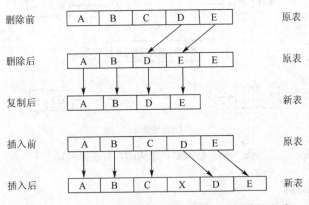

图 6-16　线性表顺序存储结构节点增加与删除的方式

（2）栈与队列　栈（stack）、队列（queue）均是特殊的线性表，其逻辑结构和线性表相同，只是其运算规则较线性表有更多限制，所以又称为运算受限的线性表。

① 栈。指限定在表尾进行插入、删除操作的线性表，其逻辑结构如图 6-17（a）所示，最显著的特征是具有后进先出（LIFO）性质或规范，类似于货栈存取货物的顺序，因此称为栈，其操作过程与穿、脱衣服的顺序相近，很多手持计算器都是用栈方式来操作的。

栈结构的相关概念、术语及特征如下。

a. 栈顶。表的允许插入和删除的一端，即如图 6-17 所示的 a_n 端（表尾）称为栈顶。

b. 栈底。表的不允许插入和删除的一端，即如图 6-17 所示的 a_1 端（表首），称为栈底。

c. 进栈（push）。插入一个数据元素到栈中，即为进栈。

d. 出栈（pop）。从栈中删除一个数据元素，即为出栈。

e. 栈顶元素。位于栈顶的数据元素 a_n。

f. 栈的别称。后进先出表、LIFO（last in first out）表、反转存储器、地窖等。

g. 栈的应用。可用于子程序的调用、返回处理、递归算法等。

栈结构的存储方式和线性表一样，顺序存储和链接存储都可以作为栈的存储结构。其顺序存储结构如图 6-17（b）所示。与线性表不同的是需要加一个栈顶指示器，标明栈的名称、栈顶、栈底的存放地址等信息。栈顶指示器中，标志指明栈结构；名称指示该栈的名字；栈底用于存放栈的开始地址，即栈的下限；栈顶存放当前栈顶数据元素的地址，即栈当前的上限值；界限存放栈空间的最大容量。

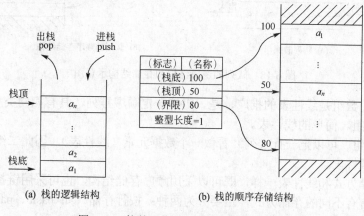

图 6-17　栈的逻辑结构和物理结构示意图

② 队列。队列也是一种特殊的线性表，它限定只能在表的一端插入，在表的另一端删除，其逻辑结构如图 6-18（a）所示，队列的显著特征是先进先出，类似于现实生活中的排队，排到第一的可以出队，而新来的只能排到队尾。

队列结构的相关概念、术语及特征如下。

a. 队首。队列中只允许删除数据元素的一端，即图 6-18 中的 a_1 端，称为队首（head 或 front）。

b. 队尾。队列中唯一可以插入数据元素的一端，即如图 6-18 所示的 a_n 端，称为队尾（rear 或 tail）。

c. 空队列。指数据元素数量为 0 的队列。

d. 队首元素。位于队首的数据元素 a_1。

e. 队尾元素。位于队尾的数据元素 a_n。

f. 进队。插入一个数据元素到队列中。

g. 出队。从队列中删除一个数据元素。

h. 队列的别称。先进先出表、FIFO（first in first out）表等。

i. 队列的应用。在计算机操作系统的排队作业中有广泛的应用。

队列结构的存储方式和线性表一样，顺序存储和链接存储都可以作为队列的存储结构。其顺序存储结构如图 6-18（b）所示，要分别设置头指针和尾指针，其中 f 为队首指针，r 为队尾指针，分别指向队首和队尾，并为出队和进队的数据元素指明存储地址。随着数据元素的出队和进队，队首和队尾指针也会不断移动，当队尾指针指向队列空间的最大界限地址时，如果再有进队操作，就会"溢出"，使操作不能实现。有时，由于队列中有元素出队，队列中尚有空单元，但因队尾指针已到界限，仍不能实现入队操作，这种现象即为"假溢出"，它会造成队列空间的浪费和非正常操作，将队列的首尾相接，构成循环队列，可解决这个问题。

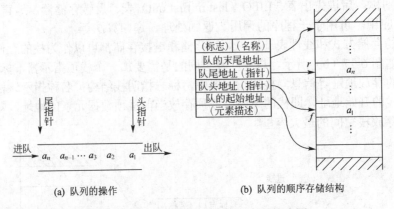

(a) 队列的操作　　　(b) 队列的顺序存储结构

图 6-18　队列的逻辑结构和存储结构示意图

（3）数组　数组是线性表的推广，是一组按一定顺序排列，具有相同类型的数据。

① 一维数组。简单的线性表。

② 二维数组。可以把一行（列）看做一个数据元素（线性表），因此二维数组是由多个线性表组成的线性表。

数组的存储方式和线性表一样，既可以采用顺序存储结构，也可采用链接存储结构。不同的计算机语言有不同的存储方式，主要分为两种：按行存储（如 basic、pascal 等）、按列存储（如 fortran）。

（4）串　串是一种字符型的线性表，记做 $A = a_1, a_2, a_3, \cdots, a_n$。其中，$A$ 为串名，$a_1, a_2, a_3, \cdots, a_n$ 为串的值，a_1 为字符型常量。

串的存储方式有顺序存储结构和链接存储结构两种。在顺序存储结构中，串用一个字符型数组来顺序存储；在链接存储结构中，先将串 A 分成若干块，然后依次把各块链接起来。

数据结构串主要应用于各高级语言中的字符串。

（5）树　以上介绍的均为线性结构，但现实中并非所有的问题都可以用线性结构来描述，例如图 6-11 所示的曲柄压力机就无法用线性结构来表示，因为图中的每个节点可能有多个后继，但却只有一个直接前驱，并且最高层节点，即根节点没有前驱，这是典型的非线性结构。

树是由一个节点或多个节点组成的有限集合（T），表示了数据元素间的层次关系。这种层次关系就像一棵倒长的树，树结构因此得名，如图 6-19 所示。

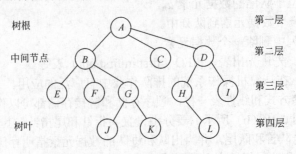

图 6-19　树的逻辑结构

图 6-19 中的树由节点的有限集合 $T=\{A,B,C,D,E,F,G,H,I,J,K,L\}$ 所构成，其中，A 是根节点，C、E、F、I、J、K、L 等为叶节点，其余为中间节点。每个节点都有且只有一个直接前驱，有若干个（包括 0 个）后继。树有树根、树叶、层次、度、深度等概念，分述如下。

① 树根，即图 6-19 中的根节点 A。在树结构中，至少有一个节点，如果只有一个节点，即为根节点 A，它是没有前驱，只有后继的节点。

② 中间节点。又称为树的子树，是指那些既有前驱又有后继的节点，如图 6-19 中的 B、D 等节点。

③ 树叶。指那些只有前驱没有后继的节点（又称叶节点），如图 6-19 中的 C、K 等节点。

④ 树的深度。树所表示的就是层次关系，树中节点的最大层次称为树的深度。如图 6-19 示出的树的深度为 4，即可以把所有的节点分为 4 个层次。

⑤ 节点的度。节点的子树数目。如图 6-19 中节点 B 的度是 3，节点 L 等叶节点的度是 0。

⑥ 树的度。树中各节点的度的最大值，如图 6-19 所示树的度是 3。

树往往采用链接存储结构，可以有多种存储方式，以图 6-19 示出的树为例，可以采用单向链结构、多向链结构等来存储，如图 6-20 所示。

单向链结构如图 6-20（a）所示，逻辑结构见图 6-19。存储结构与逻辑结构不一致，每个元素只有一个指针，存取路径和时间较长。

多向链结构如图 6-20（b）所示，存储结构与逻辑结构一致，当下层数据个数较多时，指针较多，所占存储单元也多。

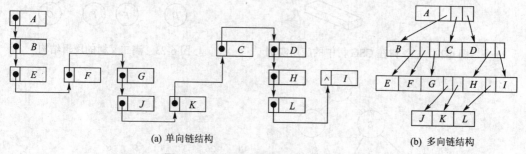

(a) 单向链结构　　　　　　　　　(b) 多向链结构

图 6-20　树的两种链接存储方式示意图

（6）二叉树　二叉树是树的一种特殊的重要类型，是指 n（$n \geqslant 0$）个节点的有限集合。当 $n=0$ 时，这个集合是空的，为空二叉树；当 $n=1$ 时，这个集合只有一个节点，为只有一个节点的二叉树；当 $n>1$ 时，二叉树有三种形态：只有左子树的二叉树、只有右子树的二叉树、完全二叉树。因此，二叉树共有五种基本形态，如图 6-21 所示。图 6-21（a）为空集；图 6-21（b）为只有一个元素的二叉树；图 6-21（c）为只有左子树的二叉树；图 6-21（d）为只有右子树的二叉树；图 6-21（e）为完全二叉树。

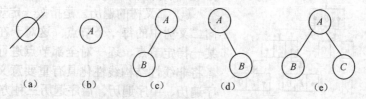

(a)　　　　(b)　　　　(c)　　　　(d)　　　　(e)

图 6-21　二叉树的五种基本形态

① 二叉树和一般的树的区别如下。

a. 二叉树可以为空，而树必须至少有一个节点。

b. 二叉树的度不能超过 2，而树则无此限制。

c. 二叉树的子树有左、右子树之分，不能颠倒，而一般的树的子树间可以交换位置。

② 二叉树的逻辑结构。二叉树结构目前在 CAD/CAM 系统中的数据描述、存储和管理等方面有广泛的应用。一种典型的应用是本书第 4 章提到过的 CSG 树。三维形体可由比较简单、规则的形体经过交集、并集、差集的集合运算构成，二叉树可用来描述该三维形体的形成过程，如图 6-22 所示。

③ 二叉树的存储结构。包括顺序存储结构和链接存储结构。对于顺序二叉树，多采用顺序存储方式。所谓顺序二叉树，是指深度为 k、节点数为 n 的二叉树，其从 1 到 n 的序号与深度为 k 的满二叉树的节点序号一致。满二叉树的逻辑结构见图 6-23，顺序二叉树的逻辑结构及存储结构见图 6-24。

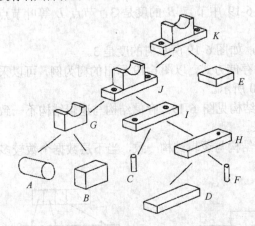

图 6-22 二叉树在 CSG 树中的应用实例

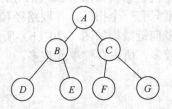

图 6-23 满二叉树的逻辑结构

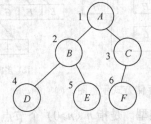

(a) 顺序二叉树的逻辑结构

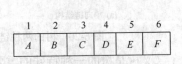

(b) 顺序二叉树的存储结构

图 6-24 顺序二叉树的逻辑结构及存储结构

对于一般的二叉树，通常采用多向链结构，每个节点数据项设三个域：值域存放节点的值，左子树域存放左子树根节点的地址，右子树域存放右子树根节点的地址，如图 6-25 所示。

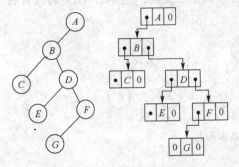

图 6-25 二叉树的多向链结构

④ 二叉树的遍历。是指按一定规律不重复地访问二叉树中的每一个节点。这对于在二叉树中查找某一指定节点，逐一对全部节点进行某种处理，或者将非线性结构线性化具有重要意义。常用的有前序遍历、中序遍历、后序遍历三种方式，如图 6-26 所示。

a. 前序遍历。遵循"自上而下，先左后右"的遍历原则。若二叉树为空，则退出；否则按照以下

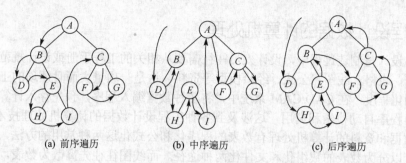

| (a) 前序遍历 | (b) 中序遍历 | (c) 后序遍历 |

图 6-26　二叉树的三种遍历方式

步骤来实现前序遍历。

　　ⓐ 访问根节点。

　　ⓑ 前序遍历左子树。

　　ⓒ 前序遍历右子树。

　　b. 中序遍历。遵循"先左后右,从上至下"的遍历原则。若二叉树为空,则退出;否则按照以下步骤来实现中序遍历。

　　ⓐ 中序遍历左子树。

　　ⓑ 访问根节点。

　　ⓒ 中序遍历右子树。

　　c. 后序遍历。遵循"先左后右,自下而上"的遍历原则。若二叉树为空,则退出;否则按照以下步骤来实现后序遍历。

　　ⓐ 后序遍历左子树。

　　ⓑ 后序遍历右子树。

　　ⓒ 访问根节点。

　　(7) 图和网　图和网是比树更为复杂的非线性结构。如图 6-27 所示,在图结构和网结构中,每个节点可能有多个直接前驱,也可能有多个直接后继,节点的联系是任意的,因此,图和网不像树那样有明显的层次关系。

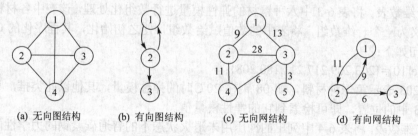

| (a) 无向图结构 | (b) 有向图结构 | (c) 无向网结构 | (d) 有向网结构 |

图 6-27　图结构和网结构

　　图是由顶点(vetex)和边(edge)组成的,记为 $G=(V, E)$,其中,V 是图中所有顶点的集合,E 是图中所有边的集合。边可以由两个顶点来表示,如果边是有序的,即为有向图;若边是无序的,即为无向图。

　　当图的边具有与它相关的权重时,这样的图称为网。权重可以代表从一个顶点到另一个顶点的距离、时间或所消耗的代价等。

6.3　工程设计数据的计算机处理

在产品设计与制造过程中，设计人员往往需要从相关的工程手册或设计规范、准则中查找各种数据、表格、线图、公式、经验模型等资料，这是一项量大而且烦琐的工作。为了提高设计自动化程度，在 CAD/CAM 系统中，将各种数据编入程序，预先存入计算机中，便于在设计中由程序自动检索和调用，这涉及到各种工程设计数据的计算机处理技术。

设计数据和资料的计算机处理有数表的程序化和公式化这两种常用的方法，其中数表的程序化又可以分为数表的数组化和文件化两种途径。而线图往往先离散为数表，再选择程序化或公式化的方法进行处理。

6.3.1　数表的程序化处理

离散的列表数据称为数表，在工程设计过程中需要查阅、参考、调用的各种设计标准、规范、实验数据等设计资料很多都是以数表的形式出现的。使数表易于程序调用或计算机检索的过程即为数表程序化。

工程设计中常用的数表有离散数表和列表函数两大类。离散数表中的数据相互独立，如设计手册中材料的主要成分、力学性能和物理性能、产品的标准规格系列等。表 6-3 给出了六种钢材在 20℃时的弹性模量值。

表 6-3　六种钢材的弹性模量

材料名称	08 钢	45 钢	1Cr13	40Cr	1Cr18Ni9	16MnG
弹性模量	203	209	217	211	180	208

列表函数是指那些用数表形式给出的，用来表示参数间某种函数关系的函数，如三角函数表或离散型的试验数据等。

根据数表的类型不同可采用不同的数据处理方法。对于数据较少的离散数表，可以计算机算法语言中的一维数组、二维数组或多维数组赋值的方法分别对一维数表、二维数表或多维数表进行程序化处理；对于大量的离散数表，可采用文件化处理。列表函数除了可按离散数表处理方法进行处理之外，还可进行公式化处理，即将数表中数据拟合成公式，由计算机直接求解公式，得到所需的数据。

（1）数表的数组化　下面分别举例说明一维数表、二维数表以及多维数表的数组化过程。

① 一维数表。将表 6-3 中六种钢材的弹性模量进行数组化处理，该表中各材料的弹性模量可以定义为一个一维数组，将表中的数值赋给数组，使之初始化，其程序化的 C 语言初始化赋值语句如下：

Float e[10]={203,209,217,211,180,208}；

e[1]=203 表示第一种材料，即 08 钢在 20℃时的弹性模量，其他以此类推，只要已知材料在表 6-3 中的位置，即可检索到它的弹性模量值。

② 二维数表。将表 6-4 中列出的冲压用未退火状态下的普通碳素钢的力学性能进行数组化处理。

表 6-4　冲压用普通碳素钢的力学性能

普通碳素钢 i	力学性能 j		
	抗拉强度 δ_b 最大值/MPa	屈服极限 δ_s/MPa	延伸率 δ_{10} 最大值/%
Q195	390	195	33
Q215	410	215	31
Q235	460	235	26

如表 6-4 所示，决定冲压用普通碳素钢的力学性能的值是两个自变量，即材料牌号和力学性能项目。它们原本无数值概念，现用 $i=0\sim2$ 及 $j=0\sim2$ 分别代表普通碳素钢的各个牌号和不同的力学性能项目，用一个二维数组 Ka[3][3]记载表中的数据，如 Ka[0][2]为 33。

③ 多维数表。控制量个数大于 2 的数表为多维数表，工程设计手册中的多维数表多为三维数表，例如在冲压工艺性分析时，因受凸模强度的限制，冲孔的尺寸不能过小，冲孔的最小尺寸受材料、凸模导向及所冲孔的形状限制，如表 6-5 所示。表 6-5 为一个三维数表，其中，t 代表材料厚度。可将表中冲孔的最小尺寸记录在一个 $3\times2\times2$ 的三维数表 gy[3][2][2]中。

表 6-5 冲孔的最小尺寸

材　　料	自由凸模冲孔		精密导向凸模冲孔	
	圆形	矩形	圆形	矩形
硬钢	1.3t	1.0t	0.5t	0.4t
软钢及黄铜	1.0t	0.7t	0.35t	0.3t
铝	0.8t	0.5t	0.3t	0.28t

（2）数表的文件化　在需要处理的数表较小或所处理的数表个数较少的情况下，用数组赋值的方法进行程序化是完全可行的。但如果数表很大或涉及的数表很多时，若仍然采用这种方法进行程序化，这时程序将显得非常的庞大，有时甚至不可能实现，这就需要将数表进行文件化或数据库处理。

将数表文件化处理，不仅可使程序简练，还可使数表与应用程序分离，实现一个数表文件供多个应用程序使用，并增强数据管理的安全性，提高数据的可维护性。

（3）数表的公式化　对于数据间彼此独立的离散数表，文件化处理是可行的，但对于那些数据之间有某种关系的列表函数来说，文件化处理存在着不足。为了提高设计效率和解题精度，需要对列表函数进行公式化处理，列表函数的公式化有函数插值和数据拟合（即曲线拟合）两种方法。

函数插值的基本思想是设法构造某个简单的近似函数 $y=p(x)$ 作为列表函数 $f(x)$ 的近似表达式，然后计算 $p(x)$ 的值，以得到 $f(x)$ 的近似值。常用的函数插值法有线性插值和拉格朗日插值法。

利用函数插值将数表公式化的方法有以下两个不足之处。

① 插值公式在几何上是用严格通过各个节点 (x_i, y_i) $(i=1, 2,..., n)$的曲线来代替列表函数曲线的，但是通过试验所得的数据 (x_i, y_i) 本身可能带有误差，这样按函数插值方法建立的公式必然保留，甚至加大了原有误差。

② 严格通过所有节点的插值公式通常是一个高次多项式，对高项多项式做进一步处理比较困难。

在工程上经常需要将由实验测得的数据经处理后绘制成曲线，这些实验数据很难用一个数学公式表达，因此需要用一些曲线来近似反映它们的关系，即通过函数拟合的方法首先建立拟合方程，有了拟合方程就能绘出相应的曲线，如图 6-28 所示。最常用的为最小二乘法拟合方法等。拟合曲线并不严格通过所有节点，而是有可能反映给定数据的趋势并逼近实际曲线。

6.3.2　线图的程序化处理

设计资料中有一部分是由直线或各种曲线构成的线图。线图作为函数的另一种表示方法，具有直观、形象、生动等特点，从图中还能看出函数的变化趋势。但线图不能直接存储，

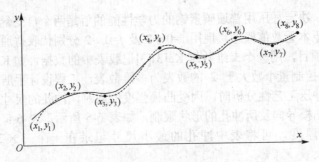

图 6-28　数据拟合方法

需要进行程序化处理。线图的程序化处理通常有以下三种方法。

① 线图公式化。如果能够查找到与线图相对应的公式，则只需直接将公式编制到程序中即可。

② 先线图离散化，再数表程序化。先将线图变换成相应的数表，然后进行数表的程序化处理。

③ 先线图离散化，再数表公式化。先将线图变换成相应的数表，然后通过函数插值或数据拟合的方法将数表进行公式化处理。

线图的离散化，即在曲线上离散地取一些点，可以沿坐标轴等距或非等距取。图 6-29 所示为渐开线齿轮的齿形系数曲线图，横坐标为齿轮的当量齿数 Z_v，纵坐标为齿轮的齿形系数 Y，在曲线上非等距取一些点，得到一张一维数表，如表 6-6 所示。选取的点的数量和疏密程度应随曲线的形状不同而变化。

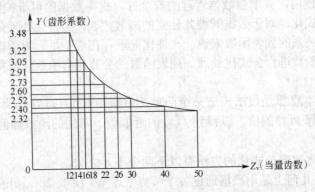

图 6-29　齿形系数曲线图

表 6-6　渐开线齿轮的当量齿数和齿形系数间的关系表

当量齿数 Z_v	12	14	16	18	22	26	30	40	50
齿形系数 Y	3.48	3.22	3.05	2.91	2.73	2.6	2.52	2.4	2.32

线图离散成数表后，可进一步根据本节前面介绍的方法将数表进行程序化或公式化处理。

第 7 章　计算机辅助制造技术

7.1　计算机辅助制造技术概述

计算机辅助制造是利用计算机来进行产品制造的统称，它的定义有广义和狭义之分。广义的 CAM 指利用计算机辅助完成从原材料到产品的全部制造过程，其中包括直接制造过程和间接制造过程，内容涉及计算机辅助制造的环境、辅助设计和辅助制造的衔接；计算机辅助零件信息分类和编码的成组技术；计算机辅助工艺设计和工艺规划；计算机数控技术；计算机辅助工装设计；计算机辅助质量管理和质量控制；计算机辅助数控编程；计算机加工过程仿真；数控加工工艺；计算机辅助加工过程监控等。从狭义上讲，CAM 就是数控加工，它的输入信息是零件加工的工艺路线和工序的内容，输出信息是刀具加工时的运动轨迹和数控程序，核心是数控编程和数控加工工艺的设计。

7.2　计算机辅助数控编程

数控机床是一种采用计算机控制的高性能的自动化加工设备，数控机床运动与工作过程控制的依据是数控加工程序，因此数控加工编程是数控机床应用中的重要内容。为了减少数控加工编程的工作难度，提高编程效率，尽量减少和避免数控加工程序中的错误，发展了计算机辅助数控加工编程技术，该技术已经成为数控机床应用中不可缺少的工具。

7.2.1　数控机床的组成及工作原理

数控机床的基本结构如图 7-1 所示，主要包括五大模块，各模块的具体内容与功能如下。

① 输入输出装置。主要功能在于程序的输入输出、机床与其他设备之间的数据交换以及远程控制等，常见的输入输出方式有：采用穿孔纸带、磁盘、磁带、手动数据输入（MDI）、手摇脉冲发生器输入、直接键盘输入和计算机串行通信（通过 RS-232 端口）。

② 数控装置（CNC 装置）。CNC 装置是数控机床的控制中枢，是数控机床的核心部分，承担着最复杂的计算工作。数控装置在运行时对数控程序进行一系列的处理，向机床的伺服系统发出运动指令，通过传动进给系统驱动机床的刀具和工件之间的相互运动，从而实现自动加工。数控系统经过几十年的发展已经比较成熟，比较知名的数控系统提供商有日本的

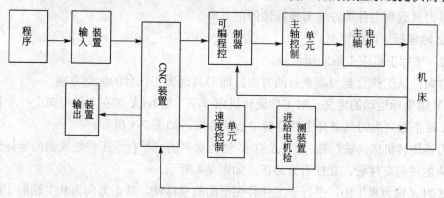

图 7-1　数控机床的基本结构

Fanuc（法那科）、Mitsubishi（三菱）、Mazak（马扎克）、Dasen（大森），德国的 Siemens（西门子）、Heidenhain（海德汉），美国的 Haas（哈斯），西班牙的 Fagor（法格）等。

③ 伺服系统。伺服系统是机床的动力系统，通过接收数控系统的指令，使机床做出相应的运动，常见的部件包括步进电机、伺服电机、直线伺服电机等。步进电机由于控制精度相对较低，同时成本低廉而且维修便利，所以一般多用于经济型的数控机床。目前伺服系统应用最广泛是伺服电机。直线伺服电机作为一种高端设备，价格昂贵，一般用在高速加工（high speed machining）的设备中。

④ 检测反馈系统。反馈系统主要用来检测数控机床运动部件的运动，包括角位移和直线位移。根据数控机床检测反馈系统的有、无和区别，数控机床可以分为三类：开环数控机床、半闭环数控机床以及闭环数控机床，三种类型机床的定位精度依次提高。

⑤ 机床本体。机床本体包括机床的主运动部件、进给运动部件、执行部件和基础部件（底座、立柱、滑鞍、工作台、刀架、导轨等）。

7.2.2　数控编程的坐标系统

根据 ISO 以及 JB/T 3051—1999 标准对数控机床的坐标系统的规定，数控机床坐标系采用笛卡尔直角坐标系，各个轴的回转运动及其方向用右手螺旋法则判定，如图 7-2 所示。

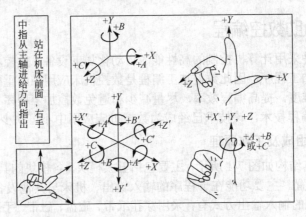

图 7-2　笛卡儿坐标系和右手螺旋法则示意图

（1）坐标轴及其运动方向命名原则　由于数控机床的加工运动主要是工件与刀具之间的相对运动，为了编程方便，规定以工件为基准，假定工件不动，以刀具相对于工作的运动轨迹来编程。而且根据 JB 3051—82 规定，增大工件与刀具之间距离的方向为机床运动的正方向，即以刀具远离工件的方向为坐标轴的正方向。

① Z 轴坐标运动的定义。

Z 轴：平行于机床主轴的坐标轴。

正方向：从工作台到刀具夹持的方向，即刀具远离工作台的运动方向。

② X 轴坐标运动的定义。对工件旋转机床（车、磨），X 轴在工件径向上，平行于横向滑座；X 轴正方向为刀具离开工件旋转中心的方向，如图 7-3 所示。

对刀具旋转机床（铣、钻），立式的 X 轴为水平的、平行于工件装夹面的坐标轴，其正方向为从主轴向立柱看，立柱右方为正，如图 7-4 所示。

卧式的 X 轴为水平的、平行于工件装夹平面的坐标轴，其正方向为从主轴向工件看，工件右方为正，如图 7-5 所示。

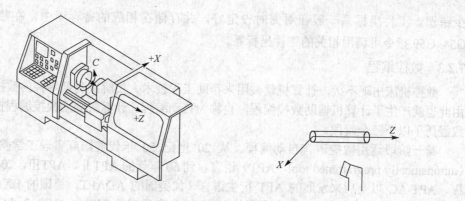

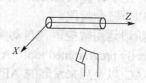

图 7-3　数控车床坐标系

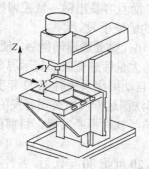

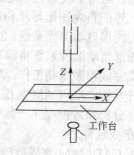

图 7-4　立式数控铣床坐标系

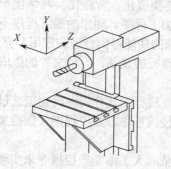

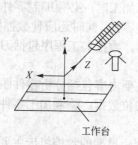

图 7-5　卧式数控铣床坐标系

　　③ Y 轴坐标运动的定义。在 X 轴和 Z 轴已确定的情况下，按右手笛卡尔坐标系，食指指向的就是 Y 轴正方向。

　　④ 旋转轴坐标运动的定义。按照右手螺旋法则，右手握拳，大拇指指向坐标轴的正方向，另外四个手指指向相应旋转轴的正方向，旋转轴 A、B 和 C 分别对应直线轴 X、Y、Z。

　　（2）机床坐标系与工件坐标系　机床坐标系又称机械坐标系，是机床出厂前就设定好的，不能人为修改。机床坐标系一旦设定好，除了受断电的影响，不受控制程序和设定的新坐标系的影响。

　　工件坐标系又称程序坐标系，是程序编制人员在编程时使用的。编程人员以工件上的某一点为坐标原点，建立一个坐标系，从而可以简化编程时坐标点计算，缩短编程时间以及减少错误。工件坐标系一般在对刀时设定好，并存储在相应的寄存器中，在数控程序中用 G54~G59 指令可调用相关的工件坐标系。

7.2.3　数控编程

数控机床出现不久，计算机就被用来帮助工程技术人员解决复杂零件的数控编程问题，由此也就产生了计算机辅助数控编程，也称为自动编程。计算机辅助数控编程技术的发展大致经历了以下三个阶段。

第一阶段运用数控语言自动编程。从 20 世纪 50 年代美国麻省理工学院设计的 APT（automatically programmed tool，APT）语言，到 60 年代的 APT Ⅱ、APTⅢ，70 年代的 APT-Ⅳ、APT-AC 以及后来发展的 APT 衍生语言（如美国的 ADAPT，德国的 EXAPT，日本的 HAPT、FAPT，英国的 IFAPT，意大利的 MODAPT 和我国的 SCK-1、SCK-2、SCK-3、HZAPT 等）。数控语言自动编程的主要问题在于零件的设计和加工之间通过工艺人员对图样解释和工艺规划来传递数据，阻碍了设计与制造的一体化，而且容易出错；数控编程语言缺少对零件形状、刀具运动轨迹的直观图形显示和刀位轨迹的验证手段。

第二阶段运用图形自动编程系统。20 世纪 70 年代微处理器问世后，便进入了实用阶段，包含微处理器的图形自动编程系统将编程语言中的大量信息变成了显示屏幕上的直观图形，以人机对话的形式完成程序编制工作。早期的图形自动编程系统有 1972 年美国洛克希德加利福尼亚飞机公司开发的 CAD/CAM 系统和 1978 年法国达索飞机公司开发的 CATIA 系统，它们具有三维设计、分析和数控程序一体化功能。该类软件不断发展，目前已经成为应用最广泛的 CAD/CAM 集成软件之一。

第三阶段运用 CAD/CAM 集成数控编程系统。20 世纪 80 年代后，各种不同的 CAD/CAM 集成数控编程系统如雨后春笋般迅速发展起来，如 MasterCAM、SurfCAM、Pro/Engineer、Cimatron、UG 等，90 年代中期以后更是向着集成化、智能化、网络化和虚拟化方向发展。

使用数控机床加工时，必须编制零件的加工程序。理想的加工程序不但要保证加工出符合设计要求的合格零件，同时还应使数控机床的功能得到合理的应用和充分发挥，并能安全、高效、可靠地运转。数控加工程序包括刀具路径的规划、刀位文件的生成、刀位轨迹的仿真和 NC 代码的生成。

数控编程的主要内容包括分析零件图纸，进行工艺分析，确定工艺过程；计算刀具中心运动轨迹，获得刀位数据；编制加工零件；校核程序。数控程序（数控加工程序）的编制有三种方法。

（1）手工编程　早期的数控机床主要是依靠人工编制数控指令来实现加工控制的。编程人员通过对零件的分析，将图纸上的形状尺寸及精度、坐标尺寸、行为公差等信息换算成机床的走刀轨迹，然后针对具体的数控系统手工编写数控加工程序，该过程被称为手工编程。

由于从零件图纸分析、工艺决策、确定加工路线和工艺参数、计算刀位轨迹及坐标数据、编写零件的数控加工程序单，直至程序的检验，均由人工来完成，编程人员工作量比较大，编程周期比较长。对于形状简单、计算量小、程序不长的零件，采用手工编程比较容易，出错概率比较低，并且经济、快速。因此，对于形状不太复杂的简单零件（如在点位加工或直线与圆弧组成的轮廓加工），例如数控车床加工以及二维数控铣削加工等，手工编程仍广泛应用。但是对于形状复杂的零件，特别是具有非圆曲线、列表曲线以及曲面的零件，用手工编程就有一定困难，出错的概率增大，有时甚至无法编出程序，必须采用自动编程的方法。

在手工编程中，编程人员不但要熟悉数控代码和编程规则，而且还必须具备机械加工工艺知识与数值计算能力。据统计，手工编程所消耗的时间与数控机床加工该零件的时间之比大约是 30：1，由此可以看出，手工编程所花费的时间非常多。

（2）图形交互式自动编程　近年来，计算机技术发展非常迅速，计算机的图形处理能力有了很大的提高。因而，一种可以直接将零件的几何图形信息自动转化为数控加工程序的全新的计算机辅助编程技术——图形交互式自动编程便应运而生。并在 20 世纪 70 年代以后得到了迅速的发展和应用。

① 图形交互式自动编程原理和功能。图形交互式自动编程是一种计算机辅助编程技术。它是通过专业的计算机软件来实现的，如机械 CAD 软件，利用 CAD 软件的图形编辑功能，通过使用鼠标、键盘、数字化仪等工具，将零件的几何图形信息绘制到计算机上，形成零件的图形文件，然后调用相应的加工参数，计算机便可自动进行必要的数学处理并编制出数控加工程序，同时在计算机屏幕上动态地显示出刀具的加工轨迹。很显然，这种编程方法相比 APT 语言自动编程和手工编程，具有速度快、精度高、直观性好、使用简便、便于检查等优点。

图形交互式自动编程一般由几何建模、刀位轨迹生成、刀位轨迹编辑、刀位验证、后置处理、计算机图形显示、数据库管理、运行控制及用户界面等部分组成。在图形交互系统中，数据库是整个模块的基础；几何建模完成零件几何图形构建，并在计算机内自动形成零件图形的数据文件；刀位轨迹生成模块根据所选用的刀具及加工方式进行刀位计算、生成数控加工刀位轨迹；刀位轨迹编辑根据加工单元的约束条件对刀位轨迹进行裁剪、编辑和修改；刀位验证用于验证刀位轨迹的正确性，也用于检验刀具是否与加工单元的约束面发生干涉和碰撞，检验刀具是否过切加工表面；图形显示贯穿整个编程过程的始终；用户界面给用户提供一个良好的运行环境；运行控制模块支持用户界面所有的输入方式到各功能模块之间的接口。

② 图形交互式自动编程的基本步骤。目前国内外图形交互自动编程软件的种类很多，如日本富士通的 FAPT、日本马扎克的 MAZATROL、荷兰的 MITURN 等系统都是交互式的数控自动编程系统。这些软件的功能、面向用户的接口方式有所不同，所有编程的具体过程及编程过程中所使用的指令也不尽相同。从总体上来讲，其编程的基本原理及基本步骤大体上是一致的，归纳起来可以分为五个步骤：零件图样及加工工艺分析→几何建模→刀位轨迹计算及生成→后置处理→程序输出。

a. 零件图样及加工工艺分析。这是数控编程的基础，目前该工作仍主要靠人工进行。分析零件的加工部位，确定相关工件的装夹位置、工件坐标系、刀具尺寸、加工路线及加工工艺参数等。

b. 几何建模。利用图形交互自动编程软件的图形构建、编辑修改、曲线曲面造型等有关指令将零件被加工部位的几何图形准确地绘制在计算机屏幕上。与此同时，在计算机内自动形成零件图形的数据文件，这就相当于 APT 语言自动编程中用几何定义语句定义零件几何图形的过程。不同点在于它不是用语言，而是用计算机绘图的方法将零件的图形数据输入到计算机中。这些图形数据是下一步刀位轨迹计算的依据。自动编程过程中，软件将根据加工要求提取这些数据，进而分析判断和必要的数学处理，以形成加工的刀具位置数据。如果图形的几何信息在设计阶段就已被建立，则图形交互自动编程软件可直接从图形库中提取该零件的图形信息文件，所以从设计到编程信息流是连续的，有利于计算机辅助设计和制造的集成。

c. 刀位轨迹的生成。刀位轨迹的生成是面向屏幕上的图形交互式进行的。首先在刀位轨迹生成菜单中选择所需的菜单项，然后根据屏幕提示，用光标选择相应的图形目标，点去相应的坐标点，输入所需的各种参数（如工艺参数）。软件就会自动从图形信息文件中提取编程所需的信息，进行分析判断，计算节点数据，并将其转换为刀具位置数据，存入指定的刀位文件中或直接进行后置处理，生成数控加工程序，同时在屏幕上显示刀位轨迹图形。在这个阶段生成了 APT 刀具运动语句。

d. 后置处理。目的是形成数控加工文件。由于各种机床使用的数控系统不同,所用的数控加工程序的指令代码及格式也有所不同。为了解决这个问题,软件通常设置一个后置处理惯用文件,在进行后置处理前,编程人员应根据具体数控机床指令代码及程序的格式事先编辑好这个文件,这样才能输出指定数控系统格式要求的 NC 加工文件。

e. 程序输出。由于图形交互式自动编程软件在编程过程中可在计算机内自动生成刀位轨迹文件和数控指令文件,所以程序的输出可以通过机床的各种外部设备进行,使用打印机可以打印出数控加工程序单,并可在程序单上用绘图仪绘制出刀位轨迹图,使机床操作者可以更加直观地了解加工的走刀过程;使用由计算机直接驱动的磁带机、磁盘驱动器等,可将加工程序存储在磁带或磁盘上,提供给有读带装置或磁盘驱动器的机床控制系统使用;对于有标准通用接口的机床控制系统,可以和计算机直接连接,由计算机将数控加工程序直接传送给机床控制系统。图形信息文件转换为图形并显示。

图 7-6 示出了一种图形交互式自动编程流程图。其中,零件几何信息是从设计阶段图形信息文件中读取的,对此文件进行一定的转换,产生所要加工零件的图形,并在屏幕上显示;工艺信息由编程人员以交互式方式通过用户界面输入。

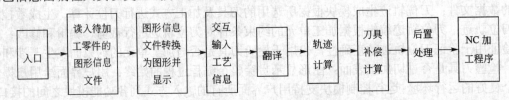

图 7-6 图形交互式自动编程流程图

③ 图形交互式自动编程特点。图形交互式自动编程是一种全新的编程方法,与 APT 语言自动编程比较,主要有以下四个特点。

a. 图形编程将加工零件的几何建模、刀位计算、图形显示和后置处理等结合在一起,有效解决了编程数据来源、几何显示、走刀模拟、交互修改等问题,弥补了单一利用数控编程语言进行编程的不足。

b. 不需要编制零件加工源程序,用户界面友好、使用简便、直观、准确、便于检查。因为编程是在计算机上,且直接面向零件的几何图形,以光标指点、菜单选择及交互对话的方式进行的,其编程的结果也以图形的方式显示在计算机上。

c. 编程方法简单易学,使用方便。整个编程过程是交互进行的,有多级功能“菜单”,引导用户进行交互操作。

d. 有利于实现与其他功能的结合。可以把产品设计和零件编程结合起来,也可以与工艺过程设计、刀具设计等过程结合起来。

(3) CAD/CAM 软件集成编程 图形交互式自动编程技术推动了 CAD/CAM 向集成化方向发展的进程,应用 CAD/CAM 系统进行数控编程已成为数控机床加工编程的主流。CAD/CAM 集成化技术中的重要内容之一就是数控自动编程系统与 CAD 及 CAPP 的集成,其基本任务就是要实现 CAD、CAPP 和数控自动编程之间信息的顺畅传递、交换和共享。数控自动编程与 CAD 的集成,可以直接从产品的数字定义提取零件的设计信息,包括零件的几何信息和拓扑信息;数控自动编程与 CAPP 的集成,可以直接提取零件的工艺设计结果信息。而且 CAM 系统还可以帮助产品制造工程师完成被加工零件的形面定义、刀具的选择、加工参数的设定、刀位轨迹的计算、数控加工程序的自动生成、加工模拟等数控编程的整个过程。

将 CAD/CAM 集成化技术应用于数控自动编程,无论是在工作站,还是在微机上,所开发的 CAD/CAM 集成化软件都应该解决以下问题。

① 零件信息模型。由于 CAD、CAPP、CAM 系统是独立发展起来的，它们的数据模型彼此不完全相容。CAD 系统采用面向数学和几何学的数学模型，虽然可以完整地描述零件的几何信息，但是对于非几何信息，如精度、公差、表面粗糙度和热处理等只能附加在零件图样上，无法在计算机内部逻辑结构中得到充分表达。CAD/CAM 的集成除了要求几何信息外，更重要的是面向加工过程的非几何信息。因此，CAD、CAPP、CAM 系统间出现了信息的中断。解决的办法就是建立个系统之间相对统一的、基于产品特征的产品信息模型，以支持 CAPP、NC 编程、加工过程仿真等。

建立统一的产品信息模型是实现集成的第一步，要保证这些信息在各个系统间完整、可靠和有效传输，还必须建立统一的产品数据交换标准。以统一的产品信息模型为基础，应用产品数据交换技术，才能有效实现系统间的信息集成。最典型的产品数据交换标准如下。

a. 美国国家标准局主持开发的初始图形交换规范 IGES。它是最早的，也是目前应用最广的数据交换规范，但是它本身只能完成几何数据的交换。

b. 产品模型数据交换标准（STEP 标准）。STEP 标准是国际标准化组织研究开发的，基于集成的产品信息模型。产品数据在这里指的是全面定义一零部件或构建几何体所需的几何、拓扑、公差、关系、性能和属性等数据。STEP 作为标准仍在发展中，其中某些部分已经很成熟，并基本定型，有些部分尚在形成之中，尽管如此，它目前已在 CAD/CAM 系统的信息集成化方面得到了广泛应用。

② 工艺设计的自动化。工艺设计自动化的目的就是根据 CAD 的设计结果，用 CAPP 系统软件进行工艺规划。

CAPP 系统直接从 CAD 的图形数据库中提取用于工艺规划的零件几何和拓扑信息，进行有关的工艺设计，主要包括零件加工工艺过程设计及工序内容设计，必要时 CAPP 还可以向 CAD 系统反馈有关工艺评价结果。工艺设计结果及评价结果也以统一的模型存放在数据库中，供上下游系统使用。

建立统一的产品信息模型和工艺设计的自动化问题的解决，将使数控编程实现完全的自动化。

③ 数控加工程序的生成。数控加工程序的生成是以 CAPP 的工艺设计结果和 CAD 的产品信息为依据，自动生成具有标准格式的 APT 程序，即刀位文件。经过适当的后置处理，将 APT 程序转换成 NC 加工程序，该 NC 加工程序是针对不同的数控机床和不同的数控系统的。目前，有许多商用的后置处理软件包，用户只需要开发相应的接口软件就能实现从刀位文件自动生成 NC 加工程序。生成的 NC 加工程序可手工从键盘输入数控系统，也可采用串行通信线路传输到数控系统中。

近年来，数控自动编程也在向自动化、智能化和可视化的方向发展。数控编程自动化的基本任务是要把人机交互工作量减小到最少，人的作用将发挥在解决工艺问题、工艺过程设计、数控编程的综合中，如知识库、刀具库、切削数据库的建立和专家系统的完善方面，人机交互将由智能设计中的条件约束和转化来实现。数控编程系统的智能化是 20 世纪 80 年代后期形成的新概念，即将人的知识加入到集成化的 CAD/CAM/NC 系统中，并将以前由人完成的判断及决策交给计算机来完成。因此，在每一个环节上都必须采用人工智能方法建立各类知识库和专家系统，把人的决策作用变为各种问题的求解过程。可视化技术是 20 世纪 80 年代末期提出并发展起来的一门新技术，它将科学计算过程中及计算结果的数据和结论转换为图像信息（或几何图形），在计算机的图形显示器上显示出来，并进行交互处理。利用可视化技术,将自动编程过程中的各种数据、实施的计算和表达结果用图形或图像来完成或表现,最后结果还可以用具有真实感的动态图形来描述。图 7-7 示出了一种 CAD/CAM 集成化编程的流程图。

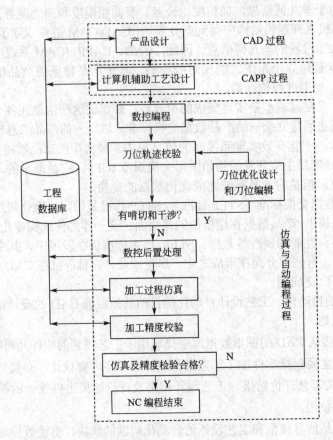

图 7-7　集成化编程的流程图

7.3　数控加工仿真

数控加工仿真利用计算机来模拟实际的加工过程,是验证数控加工程序的可靠性和预测加工过程的有力工具,可以减少工件的试切,预测加工过程中可能发生的干涉和啃切,提高生产效率。从工程的角度来看,仿真就是通过对系统模型的试验去研究一个已有的或设计中的系统。分析复杂的动态对象,仿真是一种有效的方法,可以降低风险,缩短设计和制造的周期。

7.3.1　数控加工仿真的目的与意义

无论是采用 APT 语言自动编程还是采用交互式图形自动编程所生成的数控加工程序,在加工过程中是否发生过切、欠切;所选用的刀具、走刀路线、进退刀是否合理;零件与刀具、刀具与夹具、刀具与工作台是否发生干涉和碰撞等,编程人员往往事先很难预料,若发生上述现象,结果可能导致工件形状不符合要求,出现废品,有时还会损坏机床、刀具。随着 NC 编程的复杂化,NC 代码的错误也越来越多,因此,在零件的数控加工程序投入实际加工之前进行数控加工仿真是非常重要的。

目前数控加工程序检验方法主要有试切、二维刀位轨迹仿真、三维动态切削仿真和虚拟加工仿真等。试切法是 NC 程序检验的有效方法，传统的试切是采用塑模、蜡模或者木模等专业设备进行的，通过塑模、蜡模或者木模零件尺寸的准确性来判断数控加工程序是否正确。但试切过程不仅占用了加工设备的工作时间，还需要操作人员在整个加工周期内进行监控，而且加工中的各种危险同样难以避免。

用计算机仿真模拟系统，从软件上实现零件的试切过程，将数控加工程序的执行过程在计算机屏幕上显示出来，是数控加工程序检验的有效方法。在动态模拟时，刀具可以实时在屏幕上移动，刀具与工件接触之处，工件的形状就会按照刀具移动的轨迹发生相应的变化。观察者在屏幕上看到的是连续的、逼真的加工过程。利用这种视觉检验装置，就可以很容易发现刀具和工件之间的碰撞及其他错误的程序指令。这是数控加工仿真的主流应用方式。

7.3.2　数控加工仿真的形式

数控加工仿真的形式主要有二维刀位轨迹仿真法、三维动态切削仿真法、虚拟加工仿真法等。

（1）二维刀位轨迹仿真法　一般在后置处理之前进行，通过读取刀位数据文件，检查刀具位置计算是否正确；加工过程是否发生过切；所选刀具、走刀路线、进退刀方式是否合理；刀位轨迹是否正确；刀具与约束面是否发生干涉与碰撞。这种仿真一般可以采用动画显示的方法，效果逼真。由于是在后置处理之前进行刀位轨迹仿真，所以它可以脱离具体的数控系统环境。二维刀位轨迹仿真法是目前比较成熟、有效的仿真方法，应用比较普遍。主要有刀位轨迹显示验证、截面法验证和数值验证三种方式。

① 刀位轨迹显示验证。刀位轨迹显示验证的基本方法是：当零件的数控加工程序或刀位数据计算完成以后，将刀位轨迹在图形显示器上显示出来，从而判断刀位轨迹是否连续，检查刀位计算是否正确。判断的依据和原则主要包括刀位轨迹是否光滑连续；刀轴矢量是否有突变现象；凹凸点处的刀位轨迹连接是否合理；组合曲面加工时刀位轨迹是否合理；走刀方向是否符合曲面的造型原则等。

刀位轨迹显示验证还可以将刀位轨迹与加工表面的线框图组合在一起，显示在图形显示器上，或者在待验证的刀位点上显示出刀具表面，然后将加工表面及约束面组合在一起，进行消隐显示，根据刀位轨迹与加工表面的相对位置是否合理、刀位轨迹的偏置方向是否符合实际要求、分析进退刀位置及方式是否合理等，更加直观地分析刀具与加工表面是否有干涉，从而判断刀位轨迹是否正确，走刀路线、进退刀方式是否合理。图 7-8 示出的是球头铣刀采用最佳等高线走刀方式加工凸模型面的组合显示验证图，可以看出每条刀位轨迹都是光滑连接的，各条刀位轨迹之间的连接方式也非常合理。

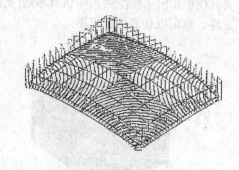

图 7-8　凸模型面加工的组合显示验证图

② 刀位轨迹截面法验证。刀位轨迹截面法验证事先构造一个界面，然后求该截面与待验证的刀位点上的刀具外形表面、加工表面及其约束面的交线，构成一副截面图，显示在屏幕上，从而判断所选择的刀具是否合理、刀具与约束面是否发生干涉或碰撞、加工过程是否存在过切等。

这种方法主要应用于侧铣加工、型腔加工及通道加工的刀位轨迹验证。图 7-9 是采用二坐标端铣加工型腔和二坐标侧铣加工轮廓时的横截面验证图。

③ 刀位轨迹数值验证。刀位轨迹数值验证也称为距离验证，是一种刀位轨迹的定量验

证方法。它通过计算各刀位点上刀具表面与加工表面之间的距离进行判断。如果此距离为正，表示刀具离开加工表面有一定距离；若距离为负，表示刀具与加工表面过切。

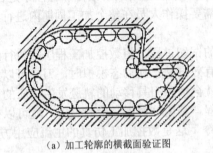

（a）加工轮廓的横截面验证图

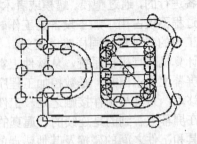

（b）加工型腔的横截面验证图

图 7-9　横截面验证图

（2）三维动态切削仿真法　三维动态切削仿真验证采用实体建模技术建立加工零件毛坯、机床、夹具及刀具在加工过程中的实体几何模型，然后将加工零件毛坯及刀具的几何模型进行快速布尔运算（一般为减运算），最后采用真实感图形显示技术，把加工过程中的零件模型、机床模型、夹具模型及刀具模型动态显示出来，模拟零件的实际加工过程。其特点是仿真过程的真实感比较强，基本上具有试切削加工的效果。三维动态切削仿真已经成为图像数控编程系统中刀位轨迹验证的重要手段。

加工过程的动态仿真验证，一般将加工过程中不同的显示对象采用不同的颜色来表示。已经切削加工的表面与待加工切削加工的表面颜色不同；已加工表面上存在过切、干涉之处又采用另一种不同的颜色。同时可对仿真过程的速度进行控制，从而使编程人员可以清楚地看见零件的整个加工过程，包括刀具是否啃切加工表面以及在何处啃切加工表面，刀具是否与约束面发生干涉与碰撞等。

现代数控加工过程的三维动态切削仿真验证的典型方法有两种：一种是只显示刀具模型和零件模型的加工过程动态仿真[见图 7-10（a）]；另一种是同时显示刀具模型、零件模型、夹具模型和机床模型的机床仿真系统[见图 7-10（b）]。从仿真检验的内容看，可以仿真刀位文件，也可以仿真 NC 程序。

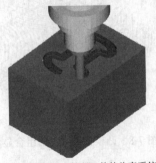

（a）可以模拟刀具和工件的仿真系统

（b）可以模拟刀具、工件、夹具和机床的仿真系统

图 7-10　三维动态仿真系统

（3）虚拟加工仿真法　虚拟加工仿真法是应用虚拟现实技术实现加工过程的仿真技术。虚拟加工仿真法主要解决加工过程和实际加工环境中，工艺系统间的干涉、碰撞问题和运动关系。由于加工过程是一个动态的过程，刀具与工件、夹具机床之间的相对位置是变化的，

工件从毛坯开始经过若干道工序的加工，形状和尺寸均在不断变化，因此虚拟加工仿真法是在各组成环节确定的工艺系统上进行的动态仿真。

虚拟加工仿真法与二维刀位轨迹仿真法不同：虚拟加工仿真法能够利用多媒体技术实现虚拟加工，更重视对整个工艺系统的仿真，虚拟加工软件一般直接读取数控程序，模拟数控系统逐段翻译，并模拟执行，利用三维真实感图形显示技术，模拟整个工艺系统的状态。还可以在一定程度上模拟加工过程中的声音等，提供更加逼真的加工环境效果。二维刀位轨迹仿真法只是解决刀具与工件之间的相对运动仿真。

从发展的前景来看，一些专家学者正在研究开发考虑加工系统物理学、力学特性情况下的虚拟加工，一旦成功，数控加工仿真技术将发生质的飞跃。

7.4　常用模具 CAD/CAM 软件介绍

（1）Unigraphics NX　Unigraphics NX 是由 UGS（Unigraphics Solutions）公司开发的软件，功能多，性能好。机械产品设计从上而下（不同于以前的从零件图开始然后装配的从下而上的设计方式），从装配的约束关系开始，改变装配图中任一零件尺寸，所有关联尺寸会自动作出相应修改。大大减少了设计修改中的失误，思路更清晰，更符合机械产品的设计习惯。UG 除有以上的优越性能外，在以下三个方面也很突出。

① Wave 功能。自动推断、优化设计更方便、高效，产品的概念化设计、草图设计功能符合产品设计和零件外形设计方法，即从产品外形的美术设计开始，可以取出从不同角度设计的二维工艺造型图的轮廓，再以这些轮廓曲线设计外形曲面，使造型更具有艺术美。

② CAD 数据交换功能。Unigraphics NX 的 CAD 数据交换功能更上了一个台阶。在这之前，各种 CAD/CAM 软件之间虽然可以进行各种标准化格式的转换，但转换之后特征就丢失，这是因为各品牌软件特征的数学模型有差异，转换后的模型没有特征，就难再修改。而 Unigraphics NX 版本能重新恢复特征，经过格式转换的模型同样可以修改。所以 Unigraphics NX 是 CAD/CAM 软件中功能最丰富、性能最优越的软件。Unigraphics NX 软件是基于标准的 IGES 和 STEP 产品，被公认为在数据交换方面处于世界领先地位。Unigraphics NX 还提供了大量的直接转换器（如 CATIA、CADDS、SDRC、EMC 和 AutoCAD），以确保同其他系统高效进行数据交换。

③ CAM 模块。Unigraphics NX 相比其他品牌的 CAM 软件，它的加工模式、进给方法、刀具种类、压板的避让等设定的选项更多、更丰富，所以功能更强。钣金模块具有现行工业设计中的各种钣金设计功能，如折边、展开、弯管、排料等。采用统一的数据库，实现了 CAD、CAE、CAM 之间数据交换的自由转换，实现了 2~5 轴联动的复杂曲面加工和镗铣加工，被认为是业界最好、最具代表性的数控软件之一，它提供了功能强大的刀位轨迹生成方法，包括车、铣、线切割等完善的加工方法。

（2）Pro/Engineer　Pro/Engineer（Pro/E）是美国参数公司（parametric technology corporation，PTC）1989 年开发的 CAD/CAM/CAE 软件，在我国有许多用户。它采用面向对象的单一数据库和基于特征的参数化建模技术，为三维实体建模提供了一个优良的平台。该系统用户界面简洁、概念清晰，符合工程人员零件设计的思路和习惯，使典型的参数化三位零件建模软件，有许多模块可供选择，操作方便，性能优良，这一点正是国内许多厂家选择使用 Pro/E 作为机械设计软件的原因。零件的参数化设计，修改很方便，零件都设计完后，能进行模拟组装，组装后的模型可以进行动力学分析，验证零件之间是否有干涉。CAM 模块具有对曲面和实体的加工功能，还支持高速加工和多轴加工，带有多种图形文件接口。而且系统经过多年的努力，已经把参数化的建模技术应用到工程设计的各个模块，如绘图、工程分析、数控编程、布线设计和概念设计等。Pro/Engineer 包含 70 多个专用功能模块，如特征建模、产品数据管理 PDM（Windchill PDMLink）、有限元分析、装配等，而且支持 product lifecycle management（PLM），被称为新一代 CAD/CAM 系统。

（3）CATIA　由法国 Dassault Systems（达索）公司开发，后来被美国 IBM 公司收购的 CATIA 是一个全面的 CAD/CAM/CAE/PDM 应用系统，CATIA 具有一个独特的装配草图生成工具，支持欠约束的装配草图绘制以及装配图中各个零件之间的连接定义，可以进行快速的概念设计。它支持参数化建模和布尔操作等建模手段，支持绘图与数控加工的双向数据关联。CATIA 的外形设计和风格设计为零件设计提供了集成工具，而且该软件具有很强的曲面建模功能，集成的开发环境也别具一格。同样，CATIA 也可以进行有限元分析，特别的是，一般的三维建模软件都是在三维空间内观察零件，但是 CATIA 能够进行四维空间的观察，也就是说，该软件能够模拟观察者的视野进入到零件的内部去观察零件，并且它还能够模拟真人进行装配，比如使用者只要输入人的性别、身高等特征，就会出现一个虚拟装配的工人。

（4）Cimatron　Cimatron 系统是以色列为了设计喷气式战斗机所开发的软件。它集成了设计、制图、分析与制造，是一套结合机械设计与 NC 加工的 CAD/CAM/CAE 软件。从零件建模设计开始，产生凹凸模、模具设计、建立组件、检查零件之间是否关联、建立刀位路径到支持高速加工、图形文件的转换和数据管理等都做得相当成功。它具有 CAD/CAM 软件所有的通用功能。其 CAD 模块采用参数化设计，具有双向设计组合功能，修改子零件后，装配件中的对应零件也随之自动修改。CAM 模块功能除了能对含有实体和曲面的混合模型进行加工外，其进给路径还能沿着残余量小的方向寻找最佳路线，使加工最优化，从而保证曲面加工残余量大小的一致性且无过切现象。CAM 的优化功能使零件、模具加工达到最佳的加工质量，此功能明显优于其他同类产品。

（5）MasterCAM　MasterCAM 是由美国 CNC Software 公司开发的，是国内引进最早，使用最多的 CAD/CAM 软件。MasterCAM 功能操作简便、易学、实用，最适合作为学校的 CAD/CAM 教学软件。它包括 2D（二维）绘图、3D（三维）模型设计、NC 加工等，在实用线框造型方面具有代表性。从 8.0 版本开始已加入参数化建模功能，具有多种连续曲面加工功能、自动过切保护以及刀位路径优化功能，可自动计算加工时间，并对刀位路径进行实体切削仿真，并支持铣、车、线切割、激光加工以及多轴加工。MasterCAM 提供多种图形文件接口，如 SAT、IGES、VDA、DXF、CADL 等，能直接读取 Pro/E 的图形文件。

（6）Solidworks　Solidworks 是一套智能型的高级 3D 实体绘图设计软件，拥有直觉式的设计空间，使三维实体建模 CAD 软件中用得最普遍的一个软件。它使用最新的物体导向软件技术，采用特征管理员的参数化 3D 设计方式及高效率的实体模型核心，并具有高度的文件兼容性，可输入、编辑及输出 IGES、PARASOLID、STL、ACIS、STEP、TIFF、VDAFS、VRML 等格式文件，可迅速而又简捷地将一个模型分解为型芯和型腔。

以上介绍的主要都是进口、国外的软件，国内在 CAD/CAM 系统的研究中主要依靠于高校的开发研制，也取得了很好的成绩，特别是针对某些专项功能方面已开发出具有自主版权的商品化软件，如清华大学开发的 GHGEMSCAD（高华 CAD）；具有三维功能并与有限元分析、数控加工集成的浙江大学开发的 GS-CAD；具有参数化功能和装配设计功能的华中科技大学开发的开目 CAD，该软件也是 CAD、CAM、CAPP 结合的软件；北航海尔的 CAXA 是基于 STEP 的 CAD/CAM 集成制造系统，具有拖放式的实体建模，并结合智能捕捉与三维球定位技术。以上各种国内的应用软件大多符合中国的制图、制造标准，而且是全中文的界面，符合中国人的绘图、使用习惯，由中科院北京软件工程研制中心开发的参数智能化 CAD 系统 PICAD、高华计算机有限公司开发研制的集成智能化 CAD 系统，以及北航海尔的 CAXA 系统，在 CAD 设计方面达到了很高的水平，在国内得到了较好的应用与推广。近几年来，国产软件也慢慢得到了应用者的广泛关注。

下篇　CAD/CAM 模具设计与制造应用实例

第 8 章　模具系列化零件 CAD 设计实例

目前，中国已有 50 多项模具标准，共 300 多个标准号及汽车冲模零部件方面的 14 种通用装置和 244 个品种，共 363 个标准。中国模具标准化体系包括四大类标准，即：模具基础标准、模具工艺质量标准、模具零部件标准及与模具生产相关的技术标准。模具标准又可按模具主要分类分为冲压模具标准、塑料注射模具标准、压铸模具标准、锻造模具标准、紧固件冷镦模具标准、拉丝模具标准、冷挤压模具标准、橡胶模具标准、玻璃制品模具和汽车冲模标准十大类。这些标准的制订和宣传贯彻，提高了中国模具标准化程度和水平。

在模具的开发、制造过程中，采用模具标准件不仅可明显提高模具质量，而且能有效缩短模具的开发、制造周期。使用统一的标准件可有效地保证互换性，使模具制造厂家（产品总承包商）更好地与多家分、承包商联合协作制造，加快整批模具的交货期。据有关资料表明，在汽车模具的制造中，采用标准件可节约加工工时 25%～45%，使生产周期缩短 30%～40%。模具设计者将标准件供应商提供的标准件三维模型直接引入总体设计中，就不需要另制作标准件的图形，可节约 20% 以上的设计工时。在 Solidworks 中标准件系列三维模型并不是一一绘出的，可以利用系列零件设计表的功能实现。本章以凸缘模柄（GB 2862.3—81）为例，说明系列化零件（包括标准零件系列）的 CAD 设计方法。

8.1　设计案例分析

在 GB 2862.3—81 中，凸缘模柄分 A 型、B 型、C 型，如图 8-1 所示，三种凸缘模柄尺寸

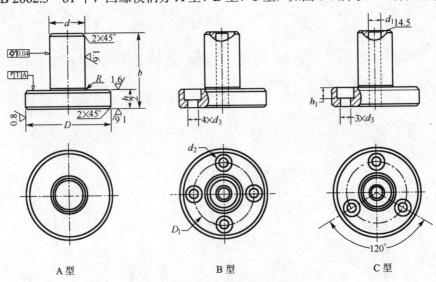

图 8-1　凸缘模柄的三种形式

见表 8-1。三种模柄的基本尺寸一致，与 A 型相比，B 型、C 型中间多了打料装置需要的通孔以及固定需要的沉孔。B 型的沉孔数量是 4 个，而 C 型沉孔数量是 3 个。如果采用普通建模方法构建 GB 2862.3—81 中所有系列的模型，需要建立 15 个零件模型；如果采用参数化分组设计，需要建立 A、B、C 三个参数化模型，而接下去要做的，是只用一个零件模型来表示出所有 15 个规格型号的零件。

表 8-1　GB 2862.3—81 中三种凸缘模柄尺寸　　　　　　　　单位：mm

$d\,(d_{11})$		$D\,(h_6)$		h	h_2	d_1	D_1	d_3	d_2	h_1
基本尺寸	极限偏差	基本尺寸	极限偏差							
30	−0.065 −0.195	75	0~0.019	64	16	11	52	9	15	9
40	−0.080 −0.240	85	0~0.022	78	18	13	62	11	18	11
50		100					72			
60	−0.100 −0.290	115	0~0.250	90	20	17	87	13.5	22	13
76		136		98	22	21	102			

8.2　设计步骤

（1）建立基本模型　单击【新建】按钮，在新建 Solidworks 文件对话框中双击【零件】图标，进入零件设计环境。保存文件，并命名为"模柄"。在特征管理器中选择【前视基准面】，单击【草图绘制】按钮，绘制草图，按照表 8-1 中的一个序列标注相应尺寸，如图 8-2 所示。

按照使用标准示例中的尺寸名称，修改模型中对应的尺寸名称，如模柄高度的尺寸在 GB 2862.3—81 中的名称是"h"。右键单击所需修改的尺寸，选择属性，在属性对话框中修改尺寸名称，将模柄高度的尺寸名称改为"h"，如图 8-3 所示。依此方法可以将所需尺寸名称都加以修改。

单击【旋转凸台/基体】按钮，选择【旋转类型】，输入"单一方向"，角度输入"360"，单击按钮。

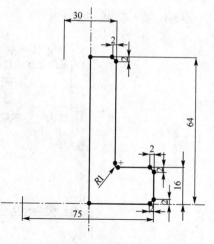

图 8-2　草图绘制

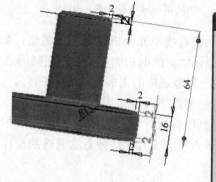

图 8-3　尺寸名称修改

（2）建立系列零件设计表　在菜单栏点选【插入】→【创建系列零件设计表】命令（这里用的是先建立零件，再创建表格的方法），出现系列零件设计表属性管理器，选择【自动生成】单选按钮，如图 8-4 所示，点击 ◉ 确定。

在出现的如图 8-5 所示的尺寸对话框中，按住 Ctrl 键选择需要放入系列零件设计表的尺寸特征，点击确定后，出现如图 8-6 所示的 Excel 表。

图 8-4　插入系列零件设计表

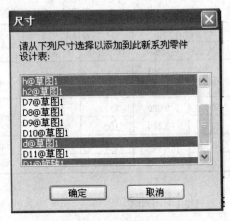

图 8-5　选择所需尺寸

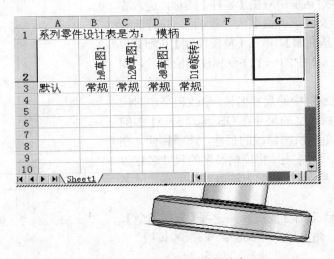

图 8-6　初始系列零件设计表

（3）修改表格　右键单击常规单元格，将单元格格式设置为数值，如图 8-7 所示。

图 8-6 示出的这张表的表头是 A 型模柄对应的初始系列，而完整的系列零件设计表应该能够同时反映 B 型和 C 型的各种规格。完整表格的生成方法有三种。

① 一次性自动加入。这在参数少的情况下可以使用。

② 先自动加入最简单的型号的系列零件设计表，然后逐步添加其他型号需要的参数。

③ 在 Excel 表中直接构建表格，导入模型文件。这种方法表格的设计不能有误，特别是尺寸名称的表达。

实际上这三种方法可以根据设计需要灵活组合运用。下面采用第二种方法建立系列零件设计表。

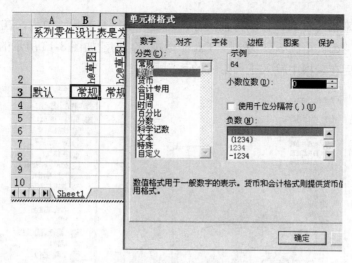

图 8-7 设置单元格格式

（4）添加特征 选择模柄上端面，单击【草图绘制】按钮 ，点击【画圆】 ⊕ 圆 ，输入圆的直径为 11mm，利用添加几何关系，使所绘圆圆心与基准轴重合，并选所有配置，如图 8-8 所示。

选择【特征拉伸切除】 ，选择所绘草图圆，在方向一上选择【完全贯穿】，点击 ✔ 完成。选择所绘特征边线，建立倒角特征：点击【特征】 →【倒角】 →选择【角度距离】，输入距离为 1mm，角度 45°，完成内孔倒角，如图 8-9 所示。

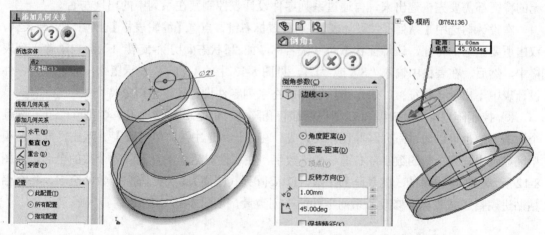

图 8-8 添加几何关系　　　　　　　　　　图 8-9 内孔倒角

按照 B 型和 C 型沉孔的尺寸绘制草图并切除旋转。建立圆周阵列，选择切除旋转特征作为要阵列的特征，数量设为 3 个，如图 8-10 所示。

（5）编辑表格 此时 A、B、C 三种形式的零件基本特征已包含在此模型中了，按国标 GB 2862.3—81 的图示（见图 8-1），将新添尺寸改名。下面要做的就是编辑系列零件设计表了。在设计树中右键单击【系列零件设计表】，编辑表格，如图 8-11 所示，然后完成下面三个步骤，使表格同时能反映 A、B、C 三种型号的数据。

① 将 B 型、C 型模柄特有的尺寸，比如 d_1、d_3 参数添加到系列零件设计表中。

在设计树中选中【系列零件设计表】，点击鼠标右键，点选【编辑表格】，弹出 Excel 表格。在设计树中双击特征名，显示特征尺寸，右键单击所需的尺寸数值，在出现的属性对话框中将全名（如"d3@草图 5"）复制至 Excel 标题中，构建如图 8-13 所示的 H、M、N、O、P 栏的标题，然后在表格中输入三种形式的系列数据。

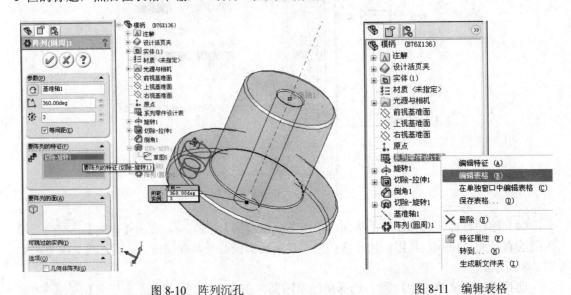

图 8-10 阵列沉孔   图 8-11 编辑表格

② 压缩或显示特征。B 型、C 型模柄比 A 型模柄多了孔特征，构建模型时这些或有或无的特征都需要先构建出来，再通过系列零件设计表控制其在系列中的出现与否。

在设计树选中【系列零件设计表】，点击鼠标右键，点选【编辑表格】，弹出 Excel 表格，双击所要压缩的特征，该特征状态的默认名称，如"$状态@切除-旋转 1"会自动输入到表格中，然后，在表格中输入"S"或"U"，见图 8-13 中的 I、J（S 表示压缩，即在系列零件设计表中不出现该特征；U 表示不压缩，即在系列零件设计表中出现该特征）。

③ 控制阵列个数。B 型和 C 型模柄都有孔阵列，但是 B 型 3 个孔，C 型 4 个孔。阵列个数的更改也可以通过系列零件设计表完成。在设计树选中【阵列特征】并双击，即会在模型区显示出阵列个数的数字，右键单击该数字，在属性对话框中复制阵列个数的全名，如图 8-12 所示图形区出现的 3 就是阵列个数，D1@阵列（圆周）1 为此阵列个数的全名，将全名粘贴进表格。按照标准修改各系列零件的阵列数量，见图 8-13 中的 L 栏。

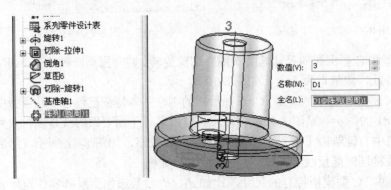

图 8-12 复制阵列个数的全名

	A	B	C	D	E	F	G	H	I	J	K	L	M	N	O	P	Q
	模柄代号	$属性@零件代号	$属性@材料	h@草图1	h2@草图1	d@草图1	D@草图1	d1@草图2	$状态@切除-旋转1	$状态@阵列(圆周)1	d2@草图5	D1@阵列(圆周)1	D1@草图5	h1@草图5	d2@草图5	d3@草图5	D4@草图5
2																	
3	A30X75	GB2826.3-81	A3	64.00	16.00	30.00	75.00	11.00	S	S	22	4	52	9	15	9	16
4	B30X75	GB2826.3-81	A3	64.00	16.00	30.00	75.00	11.00	U	U	22	4	52	9	15	9	16
5	C30X75	GB2826.3-81	A3	64.00	16.00	30.00	75.00	11.00	U	U	22	3	52	9	15	9	16
6	A40X85	GB2826.3-81	A3	78.00	18.00	40.00	85.00	13.00	S	S	22	4	62	11	18	11	18
7	B40X85	GB2826.3-81	A3	78.00	18.00	40.00	85.00	13.00	U	U	22	4	62	11	18	11	18
8	C40X85	GB2826.3-81	A3	78.00	18.00	40.00	85.00	13.00	U	U	22	3	62	11	18	11	18
9	A50X100	GB2826.3-81	A3	78.00	18.00	50.00	100.00	17.00	S	S	22	4	72	11	18	11	18
10	B50X100	GB2826.3-81	A3	78.00	18.00	50.00	100.00	17.00	U	U	22	4	72	11	18	11	18
11	C50X100	GB2826.3-81	A3	78.00	18.00	50.00	100.00	17.00	U	U	22	3	72	11	18	11	18
12	A60X115	GB2826.3-81	A3	90.00	20.00	60.00	115.00	17.00	S	S	22	4	87	13	22	14	20
13	B60X115	GB2826.3-81	A3	90.00	20.00	60.00	115.00	17.00	U	U	22	4	87	13	22	14	20
14	C60X115	GB2826.3-81	A3	90.00	20.00	60.00	115.00	17.00	U	U	22	3	87	13	22	14	20
15	A76X136	GB2826.3-81	A3	98.00	22.00	76.00	136.00	21.00	S	S	22	4	102	13	22	14	22
16	B76X136	GB2826.3-81	A3	98.00	22.00	76.00	136.00	21.00	U	U	22	4	102	13	22	14	22
17	C76X136	GB2826.3-81	A3	98.00	22.00	76.00	136.00	21.00	U	U	22	3	102	13	22	14	22

图 8-13　完成的系列零件设计表

8.3　调用配置规格

按前述方法操作后，当前的模型文件中已经包含了 GB 2862.3—81 中的所有规格配置。使用时只需调用相应配置，即可显示对应规格参数的模型。单击【Configuration Manager】按钮 ，进入配置管理状态，由系列零件设计表自动生成了系列配置，配置名称是表格（图 8-13）的 A 栏内容。选择并双击所需配置名称，模型将自动按当前配置参数并更新。

例如，双击配置树下的【A40×85】，模型自动更新为 A 型模柄，且各项规格参数为系列零件设计表中模柄代号 A40×85 对应的数值，更新后模型如图 8-14 所示。同样，双击配置树下的【B50×100】，模型自动更新为 B 型模柄，且各项规格参数为系列零件设计表中模柄代号 B50×100 对应的数值，更新后模型如图 8-15 所示。图 8-16 是根据所选配置 C60×115 自动更新成的对应 C 型模柄的例子。

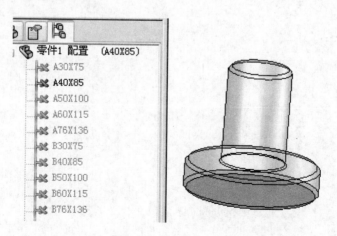

图 8-14　模柄 A40×85

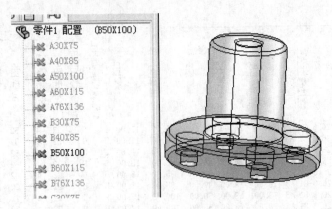

图 8-15　模柄 B50×100

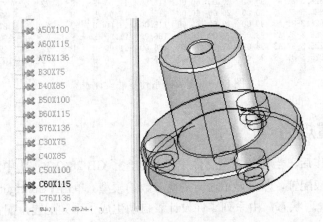

图 8-16　模柄 C60×115

第9章 双耳止动垫圈级进模 CAD 设计实例

9.1 工件与排样

（1）工件 双耳止动垫圈如图 9-1 所示，材料为 A3，料厚为 1mm。

单击【新建】按钮，再选择【零件】图标，进入零件设计环境，在特征管理器中选择【上视基准面】，单击【草图绘制】按钮，进入草图绘制，绘制出的草图如图 9-2 所示。单击【拉伸凸台/基体】按钮，在给定深度中输入"1"，保存文件为"工件.sldprt"。

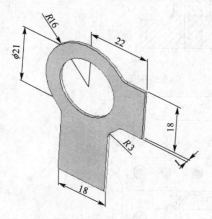

图 9-1 双耳止动垫圈

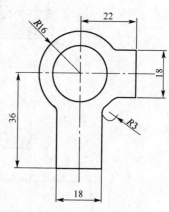

图 9-2 草图绘制

（2）排样方案 排样方案需要依据材料利用率、制件精度、冲模结构及模具寿命等综合考虑，本例采用的排样方案如图 9-3 所示。

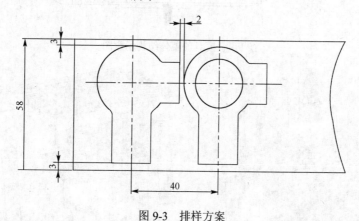

图 9-3 排样方案

9.2 模具整体结构

本结构中，送料定位采用一个初始挡料销加一个固定挡料销和两边导料板导料的形式。对条料冲第一个圆孔时，采用初始挡料销定位，进行冲孔。然后将条料向前送一步距，采用固定挡料销定位，进行落料冲裁。之后该条料的冲裁过程采用固定挡料销定位。

　　因模具较小，故将冲孔凹模和落料凹模安排在同一块凹模固定板中，为了提高凸模、凹模之间的位置精度，上、下模采用导柱、导套进行导向。模具的整体结构示意图如图 9-4 所示，图 9-5 给出了模具结构爆炸图。

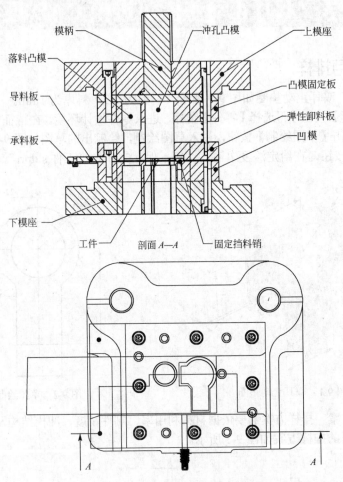

图 9-4　模具的整体结构示意图

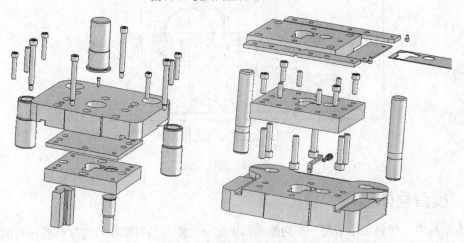

图 9-5　模具结构爆炸图

9.3 下模设计

单击【新建】按钮，对话框中双击【装配体】图标，进入装配体设计环境，单击【存盘】按钮，另存为"冲孔落料连续模.sldasm"。

选择菜单【插入】→【浏览】命令，出现打开对话框；选择【工件.sldprt】，插入原点。

9.3.1 凹模设计

（1）建立新零件 选择菜单【插入】→【零部件】→【新零件】命令，保存为"凹模.sldasm"。

（2）建立模型 选择工件上表面为新零件的贴合面，运用【转换实体应用】按钮获得刃口，在距轮廓 40mm 的地方绘制直径为 $\phi21$mm 的圆，如图 9-6 所示。运用【拉伸凸台、基体】按钮，选择【给定深度】，输入"25"，建立凹模模型，如图 9-7 所示。

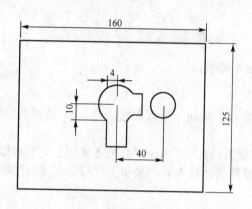

图 9-6 凹模草图

图 9-7 凹模模型

（3）建立 6 个定位销钉孔和 1 个 $\phi6$mm 固定挡料销钉孔 上下各两个 $\phi8$mm 定位销钉孔分别定位凹模与两块导料板，对角的两个 $\phi10$mm 定位销钉孔固定凹模与下模座，绘制草图，如图 9-8、图 9-9 所示。

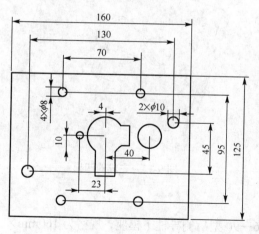

图 9-8 定位销钉孔

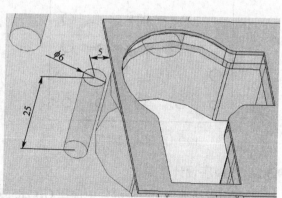

图 9-9 固定挡料销钉孔

（4）建立 8 个螺钉孔 四角是 4 个直径为 M8 的螺钉孔，其余 4 个为 M10 的螺钉孔。

① 选择菜单【插入】→【特征】→【孔】→【向导】命令，出现"孔定义"对话框。

② 选择【螺钉孔】选项卡，选择标准【ISO】，尺寸为 M8，螺纹类型和深度选择【完全贯穿】，设置完毕。

③ 单击【位置】按钮，出现"钻孔位置"提示对话框；选择钻孔位置，单击【完成】按钮。

④ 在特征管理区中展开 M8 螺钉孔 1，右击【3D 草图 1】，从弹出的快捷菜单中选择【编辑草图】命令，使螺钉孔点与螺钉孔底孔建立同心几何关系，如图 9-10 所示。

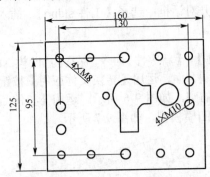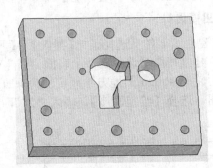

图 9-10　建立 8 个螺钉孔

（5）建立空刀槽

① 选择凹模下表面为基准面，运用【等距实体】按钮，设置参数为 2mm，选择刃口轮廓线，完成草图，如图 9-11 所示。

② 利用【拉伸切除】按钮，选择【给定深度】，输入"20mm"，按【确定】，完成凹模设计，如图 9-12 所示。点击【编辑零件】退出零件设计状态后，显示工件与已完成的凹模，如图 9-13 所示。

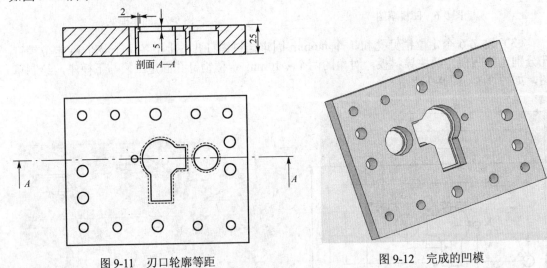

图 9-11　刃口轮廓等距　　　　　　　　　　图 9-12　完成的凹模

9.3.2　下模座设计

（1）选用标准件　在标准件中选择 GB 2855.6—90 型后侧导柱下模座，规格为 160mm×125mm×40mm，如图 9-14 所示。

（2）完成装配　单击【插入新零部件】按钮，选择【下模座 160×125×40】，在装配体中选择【凹模】下表面，自动完成与底面的重合装配；单击【配合】按钮，分别选择【装配体的前视图】和【下模座 160×125×40 前视图】并建立重合配合；选择【装配体的右视图】和【下模座 160×125×40 右视图】并建立重合配合，如图 9-15 所示。

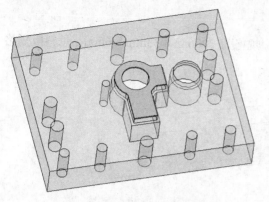

图 9-13　完成的凹模与工件

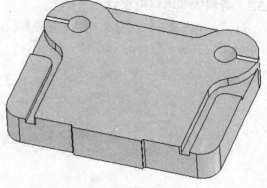

图 9-14　后侧导柱下模座

（3）销钉孔、沉孔、落料槽设计

① 建立落料槽。选择凹模下表面轮廓，运用【转换实体引用】按钮绘制落料槽轮廓，如图 9-16 所示。

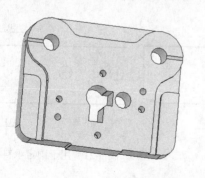

图 9-15　凹模与下模座的装配

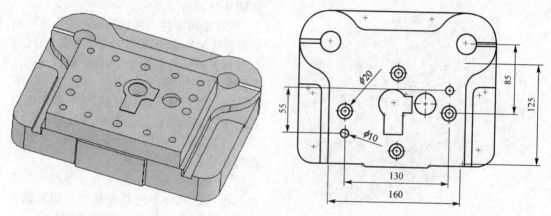

图 9-16　下模座的落料槽轮廓

② 参照凹模板，利用 4 个 M10 螺钉孔、2 个 ϕ10mm 定位销钉孔，在凹模板上建立 4 个沉孔（沉头螺钉孔）和 2 个销钉孔，如图 9-17 所示。

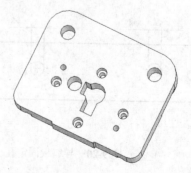

图 9-17　下模座 4 个沉孔和 2 个销钉孔

③ M10 六角头螺钉安装。选择菜单【插入】→【智能扣件】，出现智能扣件属性管理器，在特征管理区中选择【M10 六角头螺钉的柱形沉头孔 1】，单击【添加】按钮，自动分析、安装 M10 六角头螺钉，单击【√】按钮完成。

9.3.3 导料板和承料板设计

（1）选用标准件　在标准件中选择导料板，规格为 200mm×33mm×6mm；承料板规格为 40mm×120mm×2mm，如图 9-18 所示。

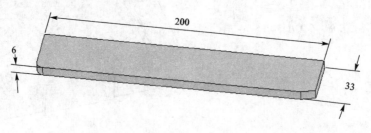

图 9-18　导料板

（2）完成装配　单击【插入新零部件】按钮，选择【导料板 200×33×6】，在装配体中选择【凹模】上表面，自动完成与底面的重合装配；单击【配合】按钮，分别选择两条边线，建立重合配合。同理装配承料板，装配结果如图 9-19 所示。

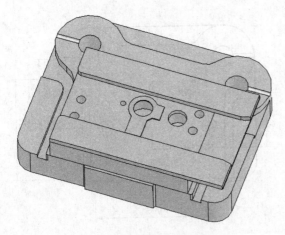

图 9-19　导料板和承料板

（3）编辑零件　通过凹模上的实体引用建立两个 φ8mm 销钉孔；通过凹模上的【等距实体】按钮建立两个 φ9mm 螺钉通孔，草图如图 9-20 所示。

（4）建立一个 M4 的螺钉孔　这个螺钉孔用来固定承料板，如图 9-21 所示。

（5）同理，在另一块板上打洞　开初始挡料销槽，如图 9-22 所示。

① 在离一端 93mm 处建立基准面。选择基准面，第一参考选择端面，距离输入"93"，选择【反向】，完成基准面建立。

② 正视于基准面绘制草图。运用【拉伸凸台/基体】按钮，选择【给定深度】，输入"6"，建立导料板上的初始挡料销槽。

（6）退出零件编辑状态　完成的导料板和承料板设计见图 9-23。

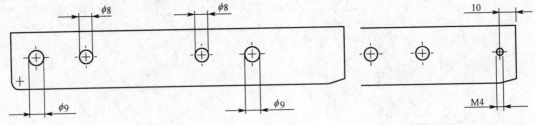

图 9-20　导料板固定孔　　　　　　　图 9-21　用于固定承料板的孔

9.3.4 完成下模所有螺钉及销的装配

本节将完成下模所有的螺钉、圆柱销、导料销、初始挡料销的装配。

（1）螺钉装配

① 单击【插入新零部件】按钮，选择【M8 螺钉】，放在装配图旁边。

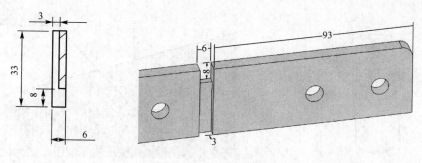

图 9-22　初始挡料销槽

② 单击【配合】按钮，选择如图 9-24 所示的两个面进行重合配合，按【√】按钮，完成第一步配合。

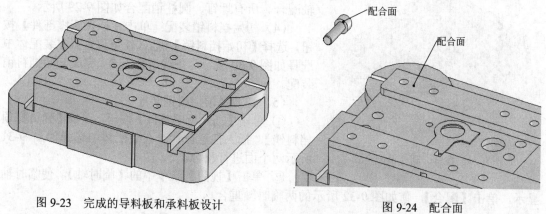

图 9-23　完成的导料板和承料板设计

图 9-24　配合面

③ 打开视图菜单中的【临时轴】按钮，选择如图 9-25 所示的两个临时轴进行重合配合，按【√】按钮，完成螺钉的整个配合，如图 9-26 所示。

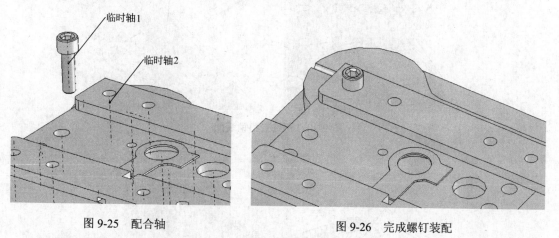

图 9-25　配合轴

图 9-26　完成螺钉装配

（2）固定挡料销装配

① 选用标准件 GB 2866.11—81 型固定挡料销，规格为 A10mm×6mm×3mm，如图 9-27 所示。

② 单击【插入新零部件】按钮，选择【固定挡料销】，在装配体中选择凹模定位孔边线，自动完成固定挡料销装配，如图 9-28 所示。

图 9-27 固定挡料销

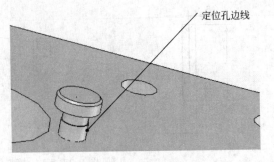

定位孔边线

图 9-28 固定挡料销装配

（3）圆柱销装配　与螺钉装配同理，选择一端面与零件表面配合。另外，选择圆柱销临时轴与孔临时轴配合。所有螺钉、圆柱销配合如图 9-29 所示。

（4）初始挡料销装配　单击【插入新零部件】按钮，选择【初始挡料销】，插入任意位置。在装配体中选择如图 9-30 所示两条线进行重合，完成初始挡料销装配。

（5）弹簧弹顶挡料销装配

① 单击【插入新零部件】按钮，选择【弹簧弹顶挡料销】，插入任意位置。在装配体中选择如图 9-31 所示两个面进行重合。

② 单击【视图】菜单中的【临时轴】，使临时轴显示，单击【配合】，使如图 9-32 所示的两临时轴重合。

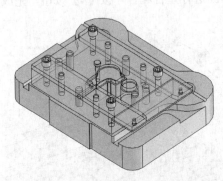

图 9-29 螺钉、圆柱销配合

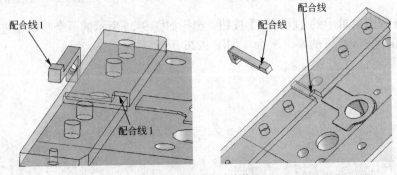

配合线 1

配合线

配合线 1

图 9-30 初始挡料销装配

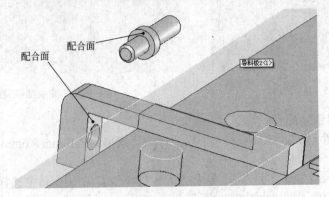

配合面

配合面

导料板 2〈1〉

图 9-31 弹簧弹顶挡料销面配合

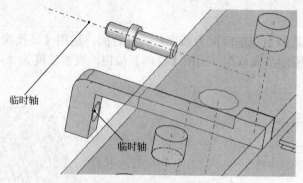

图 9-32　弹簧弹顶挡料销轴配合

③ 弹簧装配。

a. 单击【插入新零部件】按钮，选择【弹簧 1.6×8×10】，插入任意位置。在装配体中选择如图 9-33 所示两个面进行重合。

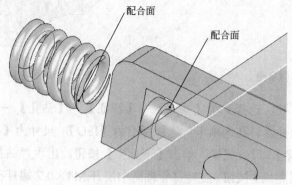

图 9-33　弹簧面配合

b. 单击【视图】菜单中的【基准轴】和【临时轴】，单击【配合】，使如图 9-34 所示的两基准轴重合。

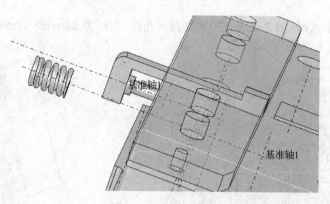

图 9-34　弹簧轴配合

9.4　上模设计

9.4.1　凸模设计

（1）异型凸模设计

① 建立新零件。选择菜单【插入】→【零部件】→【新零件】命令，保存为"异型凸

模. sldasm"。

② 建立模型。选择前视基准面为新零件的贴合面，运用【转换实体应用】按钮获得刃口，绘制如图 9-35 所示凸模草图；运用【拉伸】按钮，设置长度为"70"，建立凸模模型，如图 9-36 所示。

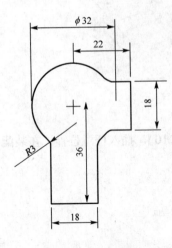

图 9-35 凸模草图

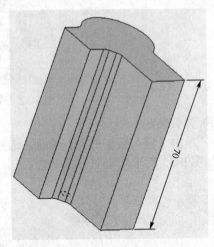

图 9-36 异型凸模

③ 设计定位螺钉孔。选择菜单【插入】→【特征】→【钻孔】→【向导】命令，出现"孔定义"对话框；选择螺钉孔选项卡，选择标准为【ISO】，尺寸为【M4×0.7】，螺纹类型和深度选择【完全贯穿】，设置完毕。单击【下一步】按钮，出现"钻孔位置"提示对话框；选择钻孔位置，单击【完成】按钮。在特征管理区中展开 M4×0.7 螺钉孔 1，右击 3D 草图 1，从弹出的快捷菜单中选择【编辑草图】命令，使螺钉孔点与螺钉孔底孔建立同心几何关系。单击【退出菜单】按钮。单击【编辑零部件】按钮，完成异型凸模设计，如图 9-37 所示。

（2）圆形凸模

① 在标准件中选择 GB 2863.2—70 B 型圆形凸模，规格为 21mm×70mm，如图 9-38 所示。

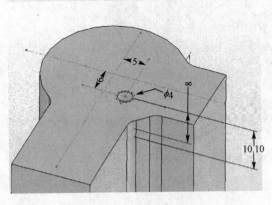

图 9-37 定位螺钉孔

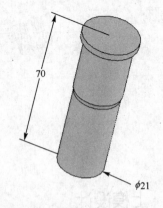

图 9-38 圆形凸模

② 完成装配。单击【插入新零部件】按钮，选择【圆形凸模】，选择配置为 φ21mm，在装配体中选择凹模上表面 φ21mm 刃口，自动完成重合装配，如图 9-39 所示。

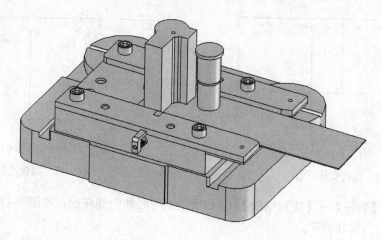

图 9-39 圆形凸模装配

9.4.2 凸模固定板设计

（1）建立新零件

① 选择菜单【插入】→【零部件】→【新零件】命令，保存为 "凸模固定板.sldasm"。

② 选择异型凸模上表面为新零件的贴合面，新建凸模固定板草图，应用转换实体引用将刃口轮廓引用到该草图，最后完成的凸模固定板草图如图 9-40 所示，再通过【拉伸凸台、基体】按钮，选择【给定深度】，输入 "25"，单击【反向】，按【√】按钮完成凸模固定板模型的建立。

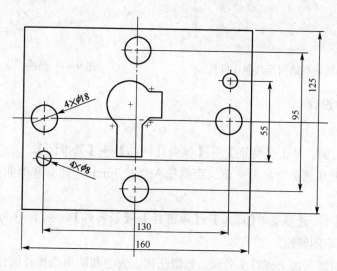

图 9-40 凸模固定板草图

（2）设计圆形凸模让位孔

① 右击凸模固定板，点击【编辑零件】，选择前视基准面为草绘平面，运用转换实体引用转换出图 9-41 所示轮廓，并绘制一条中心线，用【剪裁实体】按钮剪裁成图 9-42 所示形状。

② 选择设计树中的圆形凸模，右击，选择【隐藏】，将圆形凸模隐藏。

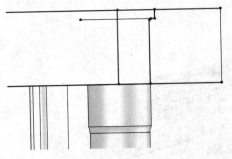

图 9-41 转换实体引用

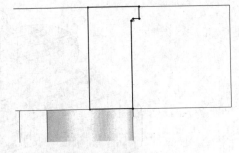

图 9-42 剪裁孔外形

③ 单击【特征】→【旋转切除】，选择所绘制中心线为旋转轴，如图 9-43 所示，按【√】键后完成圆形凸模让位孔。

（4）异型凸模让位孔 由转换草图直接切除拉伸，完成的凸模固定板如图 9-44 所示。

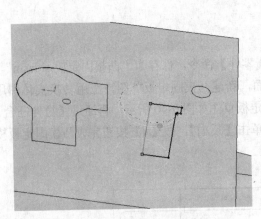

图 9-43 旋转切除圆形凸模让位孔

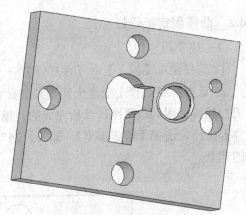

图 9-44 凸模固定板

9.4.3 卸料零件设计

（1）卸料板

① 建立基准面。单击【特征】→【参考几何体】→【基准面】。

② 选择上视基准面为参考平面。距离输入 "22.7mm"，建立基准面，按【草图绘制】按钮。

③ 建立新零件。选择菜单【插入】→【零部件】→【新零件】命令，保存为"卸料板. sldasm"，选择基准面进行草图绘制。

④ 选择导料板上四个螺钉头外圆、异型凸模上表面和圆形凸模外圆作为实体，运用【转换实体引用】按钮，螺钉头外圆引用时输入距离为 "1mm"，异型凸模上表面和圆形凸模外圆引用时输入距离为 "0.3mm"。获得外形草图，如图 9-45 所示的粗实线，运用【特征】→【拉伸凸台/基体】，选择【给定深度】，输入 "16"，单击【反向】，按【√】键。

⑤ 选择卸料板下表面作为草绘平面，应用转换实体引用，引用如图 9-46 所示粗线轮廓，点击【拉伸凸台/基体】，拉伸距离为 5.7mm。

⑥ 最终获得的完整弹性卸料板如图 9-47 所示。

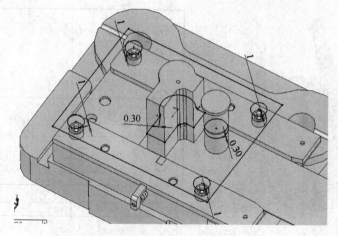

图 9-45　转换实体引用设计卸料板（轮廓一）

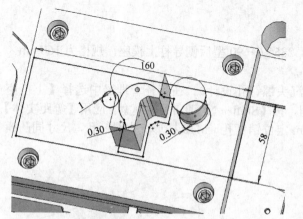

图 9-46　转换实体引用设计卸料板（轮廓二）

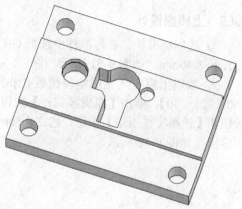

图 9-47　卸料板

（2）卸料螺钉设计

① 选用标准件。在标准件中选择 GB 2867.5—90 型卸料螺钉，规格为 8mm×80mm，如图 9-48 所示。

② 选中凸模固定板、垫板和上模座，点击右键，在出现的菜单中选择【隐藏】。

③ 完成装配。单击【插入新零部件】按钮，选择【卸料螺钉 M8×80】，在装配体中选择卸料螺钉孔边线，自动完成卸料螺钉装配。弹簧装配方法前文已述，此处不再重复。装配后的卸料螺钉和卸料弹簧如图 9-49 所示。

9.4.4　垫板设计

① 建立新零件。选择菜单【插入】→【零部件】→【新零件】命令，保存为"垫板. sldasm"。

② 建立模型。选择凸模固定板上表面为新零件的贴合面，绘制草图，如图 9-50 所示。

③ 单击【特征】→【拉伸凸台、基体】按钮，选择【给定深度】，输入"8"，按【√】键。

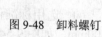

图 9-48　卸料螺钉

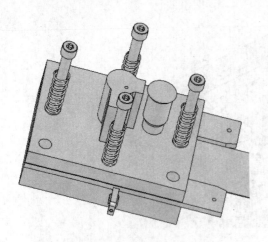

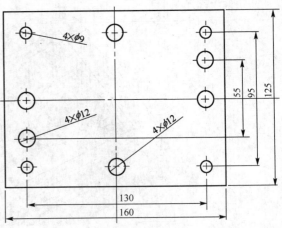

图 9-49　卸料螺钉和卸料弹簧　　　　　图 9-50　垫板草图

9.4.5　上模座设计

① 选用标准件。在标准件中选择 GB 2855.6—90 型后侧导柱上模座，规格为 160mm×125mm×40mm，如图 9-51 所示。

② 编辑上模座（完成定位销钉孔和沉头螺钉孔设计）。在特征管理器中选择【上模座 160×125×40】，单击【编辑零部件】按钮，按【Shift＋↑】键，翻转模型。应用【等距实体】按钮和【转换实体引用】按钮，建立 ϕ8mm 定位销钉孔、M10 柱形沉头螺钉孔，尺寸同凸模固定板，如图 9-52 所示。

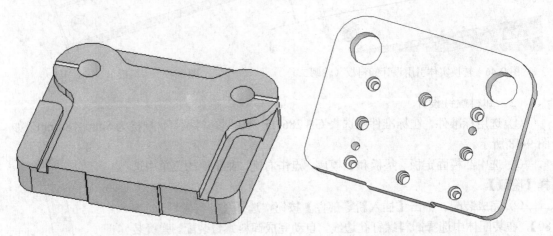

图 9-51　上模座标准件　　　　图 9-52　上模座上的定位销钉孔和沉头螺钉孔

③ 选择上视基准面，绘制如图 9-53 所示模柄安装孔草图，运用【旋转-切除】按钮建立模柄安装孔。单击【编辑零部件】按钮，完成上模座设计，返回装配体。

④ M8 螺钉、ϕ8mm 圆柱销等安装方法同下模座。

9.4.6　模柄安装

① 选用标准件。在标准件中选择 GB 2862.1—90 型压入式模柄，规格为 B40mm×100mm，如图 9-54 所示。

② 完成装配。单击【插入新零部件】按钮，选择【压入式模柄】，在装配体中选择上模

座模柄安装孔边线，自动完成压入式模柄安装，如图 9-55 所示。

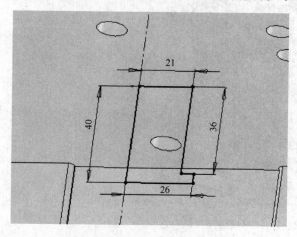

图 9-53　模柄安装孔草图

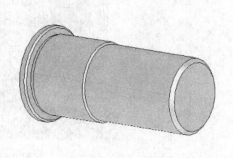

图 9-54　模柄

9.5　导柱、导套设计

（1）导柱设计

① 选用标准件。在标准件中选择 GB 2861.6—81 导柱，规格为 B25mm×135mm×38mm。

② 完成装配。单击【插入新零部件】按钮，选择【B 型导柱】，在装配体中选择【下模座】导柱孔边线，自动完成压入式模柄安装，如图 9-56 所示。按同样方法装配另一个 B 型导柱。

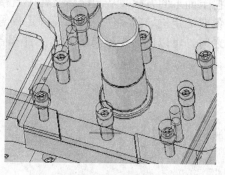

图 9-55　模柄安装

（2）导套设计

① 选用标准件。在标准件中选择 GB 2861.6—81 型导套，规格为 B25mm×95mm×38mm。

② 完成装配。单击【插入新零部件】按钮，选择【B 型导套】，在装配体中选择上模座导套孔边线，自动完成导套安装，如图 9-57 所示。完成的导柱、导套及其他装配见图 9-58。

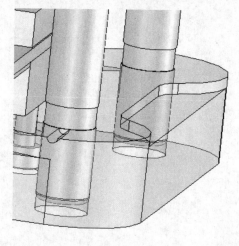

图 9-56　完成的导柱装配

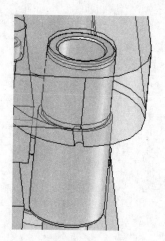

图 9-57　导套装配

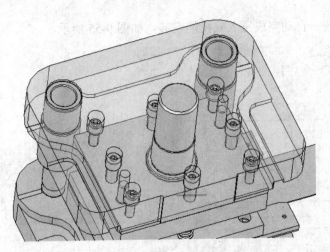

图 9-58　导柱、导套装配

　　综上，完成了从冲压零件到模具装配的整体设计过程。这一过程从零件设计开始，采用自上而下的方式，从装配体文件中直接设计、添加零件。根据工件的排样图设计出凸凹模、条料的定位导向零件、凸凹模固定板等，逐级展开对其他零件的设计。在所有零件设计完成之时，可以同时得到总装配体文件和各零件的模型文件。

第10章 Mastercam X 模具加工实例

10.1 Mastercam X 模具加工简介

一个产品试制成功后，要进行批量生产，首先要进行模具的设计和制造，而这个过程也决定了生产出来的产品是否符合客户、设计人员的初始设想。在 CAD/CAM 技术尚未广泛应用之前，模具的设计与制造皆依赖于老师傅的手艺和经验，这导致模具设计与制造的差异性大，同时带来产品修改难、技术延续难等一系列问题。CAD/CAM 技术在模具行业中的应用，极大地提高了模具设计与制造的精度、效率和相容性。其中尤以 Mastercam 模具设计与制造一体化软件表现特别突出，在我国的模具行业中拥有庞大的用户群。

Mastercam 是美国 CNC SOFTWARE 公司开发的 CAD/CAM 一体化软件。它集二维绘图、曲面设计、数控编程、刀具路径及实体模拟等功能于一身，对系统运行环境要求较低，使用户无论在造型设计、CNC 铣床、CNC 车床或 CNC 线切割等加工操作方面，都能获得最佳效果。Mastercam 基于 PC 平台，支持中文环境。

10.1.1 Mastercam X 模具加工的一般流程

Mastercam 是一套在模具行业被广泛采用的 CAD/CAM 系统，其强大的 CAM 功能提供完整的二轴、三轴、四轴和五轴铣削加工，通过其 CAM 功能选择加工策略、加工刀具，并设定加工参数，进行 NC 刀具路径计算、实体切削模拟等操作，待一切检验无误后，选择对应的后处理器，将 NC 刀具路径转换成对应机床所能识别的数控程序，再使用 DNC 方式传输到机床进行加工。下面介绍 Mastercam X 模具加工的一般流程。

（1）文件准备　包括建立专门的文件夹以及复制相关文件到文件夹等，如图 10-1、图 10-2 所示。

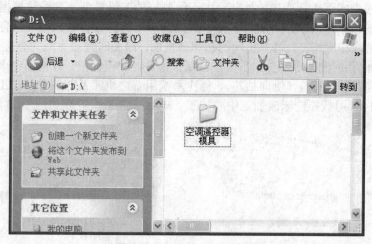

图 10-1　建立专用文件夹

（2）凹凸模设计　根据已有曲面模型设计相应的凸凹模。

（3）规划刀具路径　对于设计好的凸凹模，选择适当的刀具（包括刀具类型以及刀具直径等）及合理的加工策略，然后根据机床的性能，选择适当的切削参数（包括转速、进给率、切削深度等）。

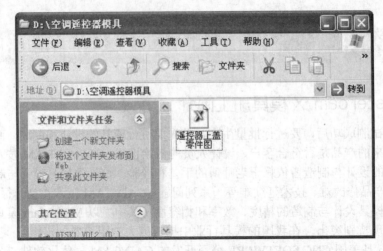

图 10-2　复制零件图到文件夹

（4）实体切削验证　刀具路径规划完毕后，软件系统会自动计算出加工轨迹，接下来进行实体切削验证，检验加工过程中是否会有过切、撞刀等危险动作。

（5）后处理　待前面的操作都正确无误地完成后，最后一步的操作就是后处理，根据机床使用的数控系统选择相应的后处理器，从而生成机床可以识别的数控程序（G 代码）。

10.1.2　Mastercam X 模具加工实用技巧

（1）产品三维绘图　当 CNC 编程员面对的是产品的二维工程图时，需进行产品外形的三维造型工作。目前可以胜任这样工作的软件有很多，包括国产的 CAXA，国外的 Pro/ENGINEER、UG、Solidworks 等，当然 Mastercam X 本身也自带强大三维造型能力。以使用 Mastercam X 为例，绘图前，要正确理解图纸所要表达的几何形状和模具结构，选择合适的曲面或实体构造方法。依据产品二维图纸数据绘制三维图时，不是简单将二维图纸三维化，而是需要根据实际进行适当的处理。由于绘制好的三维模型（三维数据模型）将成为后续 CAM 加工的根据，所以，一般将不便于数控铣加工的部分省略。如果已有产品的三维数据模型，则需删除相应特征，修补出现的孔和破损面。绘图时需要省略的有柱位、骨位（筋、肋）、商标、侧向孔或凹陷等部分。凸模柱位制作镶件，凹模柱位、骨位用电火花加工，商标制作镶件，侧向孔制作行位（侧向抽芯），浇注系统用普通机床及其他方法加工，不规则外形骨位铜工（电极）用数控铣床或加工中心加工。产品三维造型处理如图 10-3 所示。

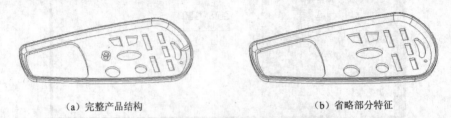

（a）完整产品结构　　　　　　　　　　　　　（b）省略部分特征

图 10-3　产品三维造型处理

（2）图层管理　科学的图层管理对于提高设计的效率有着重要的意义。在设计的过程中，当完整地设计完一副模具后，视图中的特征非常多，包括点、线、面等，如果不做科学的分类管理，图面就会显得非常凌乱，并且给后续的修改带来很多的不方便。如图 10-4 所示，将图中各个元素特征分类，并进行科学的图层管理是非常必要的。

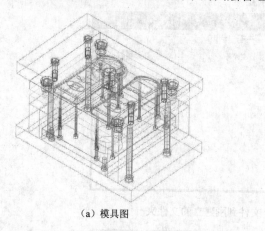

（a）模具图

（b）图层管理

图 10-4　图层管理实例

图层管理的一般方法是：将不同类型的特征归纳在不同的层中，例如将 Layer2 设定为 surfs，将图面上的曲面特征都归入到第二层中；Layer3 设定为 curves，将图面上的曲线特征都归入第三层中；Layer4 设定为 Pns，将图面上的点特征都归入到第四层中。当然有的时候也可以根据使用者的习惯，将不同步骤完成的特征归入到不同的层，例如在模具整体设计中，将凸模、凹模、导柱、顶杆、浇口套等都单独设定在某个图层中。这样，通过科学的图层管理，在检查或者修改的时候，可以将不希望显示的特征的层设定为不显示，从而提高效率。

10.2　模具 CAD/CAM 实例

本节以某型号空调遥控器为例，讲述如何使用 Mastercam 软件进行模具加工。

10.2.1　文件准备

（1）建立文件夹　在 D 盘根目录建立一个"遥控器上盖"文件夹，如图 10-5 所示。

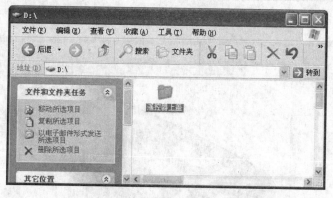

图 10-5　建立"遥控器上盖"文件夹

（2）复制文件　文件夹建立好之后，复制设计好的零件文件 yaokongqi.igs（零件造型已经在 Pro/ENGINEER 中完成，并输出为.igs 文件）到目录中，如图 10-6 所示。

10.2.2　遥控器上盖凹模设计

（1）选择菜单栏中的【File/Open】命令　在如图 10-7 所示的对话框中，选择文件类型为

.IGS,.IGES，然后打开文件夹中的 yaokongqi.igs 文件，结果如图 10-8 所示。

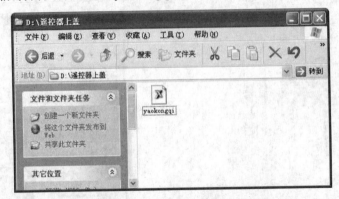

图 10-6 复制 .igs 文件到刚建立的文件夹

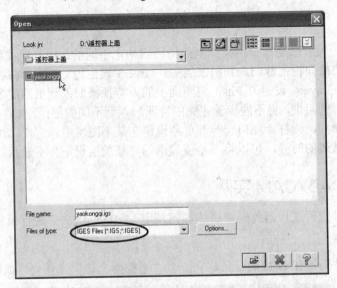

图 10-7 打开目录中复制过来的 .igs 文件

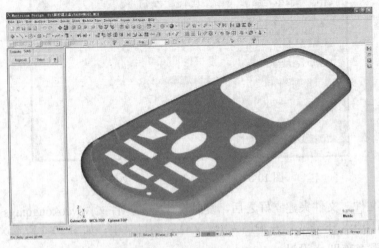

图 10-8 打开的参考模型

（2）启动图层管理 单击状态栏的【level】，启动图层管理，建立两个图层，分别命名为

"curves"和"surfs"，如图 10-9 和图 10-10 所示。

图 10-9 启动图层管理命令

（3）翻转图形 先将视图和构图面设为前视图（使用快捷按钮 和 ），然后选择菜单中的【Xform/Xform Rotate】（快捷按钮 ），翻转后使曲面的开口朝上，如图 10-11 所示。

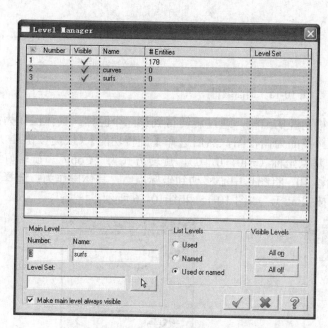

图 10-10 新建立两个层

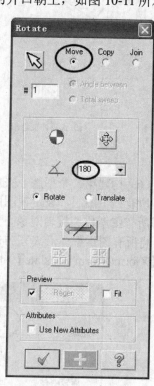

图 10-11 翻转 180°

（4）建立曲面边沿曲线 先将第二层设定为当前层，然后选择菜单中的【Create/Curves/Create curve on one edge】，选择图 10-12 所示的曲面边沿，结果如图 10-13 所示。

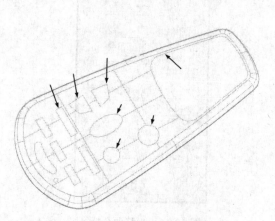

图 10-12 创建曲面边沿曲线

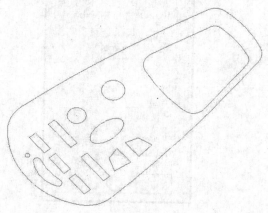

图 10-13 建立好的曲面边沿曲线

（5）编辑曲面 由于在凹模的加工中，按钮所在孔位一般用电火花加工，所以在这里先将破面补好。具体操作为：先将破面删除，设定第三层为当前层，然后选择菜单中的【Create/Surface/Create Flat Boundary Surface】，选择图 10-14（a）所示的边界，结果如图 10-14（b）所示。

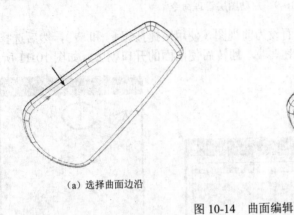

（a）选择曲面边沿

（b）建立边沿曲面

图 10-14 曲面编辑

（6）构建第二个型腔 采用一模两腔的结构，通过旋转得到第二个腔体。具体操作为：打开所有三个图层，设定视图面和构图面为俯视图，然后选择【旋转功能】（快捷按钮 ），选择所有图素作为旋转对象，旋转基点坐标（-40，0，0），旋转方式为"Copy"。旋转好之后，将所有图素整体沿 X 正方向偏移 40，将图形中心移动到坐标原点，具体操作为：选择菜单【Xform/XformTranslate】（快捷按钮 ），如图 10-15 和图 10-16 所示。

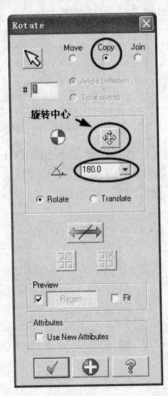

图 10-15 旋转 180° 得第二个型腔

图 10-16 平移两个特征

（7）作分型面　如图 10-17 所示，点击绘图菜单中的【矩形绘制】按钮 ，绘制一个长 200mm、宽 150mm，中心定位点在原点的矩形，同时以矩形为边界形成一个平面，结果如图 10-18 所示。

图 10-17　分型面设置

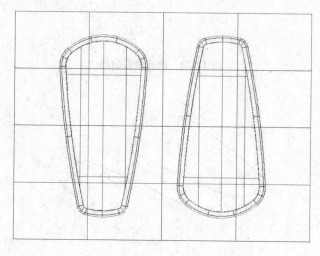

图 10-18　分型面

（8）对分型面进行修整　点击菜单【Create/Surface/ Trim Surface/Trim Surface to Curve】，先选择要修整的面——刚刚作好的矩形面，然后选择用于修整的曲线，如图 10-19 所示，如果选取不方便，可用 Toggle verify selection 功能（ ），或者关闭 surfs 层，选择如图 10-20 所示曲线之外的面为保留部分，所得结果如图 10-21 所示。

图 10-19　分型面修整

（9）保存　选择菜单栏的【File/Save As】（另存命令），在保存栏中输入文件名"遥控器上盖凹模"，再单击【保存】按钮 ，如图 10-22 所示。

10.2.3　遥控器上盖凹模加工

10.2.3.1　加工坯料的设定

在规划遥控器上盖凹模刀具路径之前，先确定加工几何图形所需要的坯料尺寸，同时如果图形中心点不在系统坐标原点，则需将图形中心点移动到系统坐标原点。

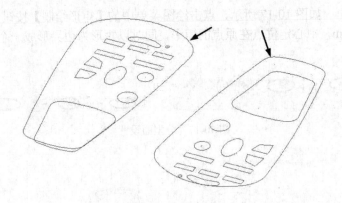

图 10-20 选择修整曲线

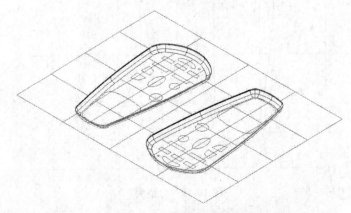

图 10-21 分型面修整结果图

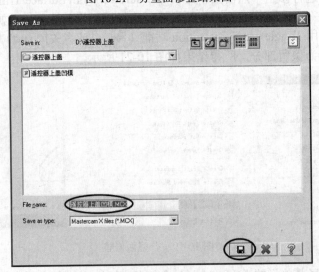

图 10-22 保存"遥控器上盖凹模"文件

点击【图层管理】按钮 Level，新建立 box 层并设为当前层，如图 10-23 所示。

图 10-23 新建立 box 层

选择菜单中的【Create/Create Bounding Box】，建立坯料边界，系统自动判断毛坯的形状为长方体，在 Z 方向设定 0.5mm 的余量，如图 10-24 和图 10-25 所示。

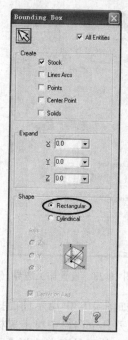

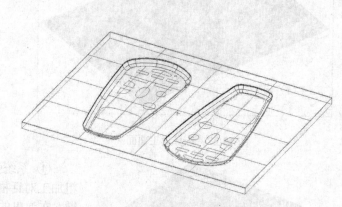

图 10-24　设置坯料参数　　　　　　图 10-25　坯料设置后结果图

　　提示：在规划凹模刀具路径前，用户还可以将塑料的缩水率考虑进来，可以选择菜单栏中的【Xform/Xform Scale】（缩放命令）使凹模曲面模型放大一个缩水率倍数，本书省略此操作步骤，用户可在实际的设计中根据产品所采用的材料的相关参数进行设计。

10.2.3.2　规划凹模粗加工刀具路径

　　曲面粗加工的目的是粗切除大部分的工件材料，其内容包括加工刀具的选择、加工参数的设置等，在进行凹模粗加工刀具路径设置时预留加工余量为 0.4mm。

　　① 选择机床。点击菜单栏的【Machine Type/Mill/Default】（默认铣床命令），如图 10-26 所示。

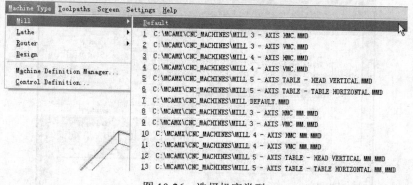

图 10-26　选择机床类型

　　② 点击菜单栏的【Tollpath/Surface Rough/Rough Pocket Toolpath】（曲面挖槽粗加工命令），按照系统提示选择加工曲面，窗选图 10-27 所示加工曲面，按回车键确认。

　　③ 在系统弹出的加工曲面、干涉面、加工区域设置对话框中，单击【加工边界设置】按钮，如图 10-28 所示，然后选择图 10-29 中示出的 P1、P2 为加工边界，然后点击【确定】

按钮，结束边界选择。

图 10-27　选择加工曲面

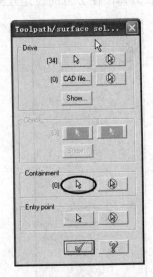

图 10-28　设置加工边界

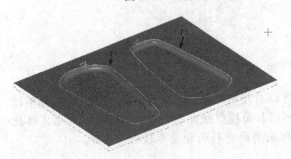

图 10-29　选择边界

④ 系统弹出如图 10-30 所示曲面挖槽粗加工对话框，在刀具空白栏中单击鼠标右键，在弹出的菜单中从刀具库中选择【刀具命令 Tool Manage】，系统弹出图 10-31 示出的刀具库对话框，选择 ϕ14mm 圆鼻刀，单击【加入】按钮 ↑，结果如图所示，单击【确定】按钮 √，结束刀具选择。然后双击该刀具，进行刀具加工参数设置，分别设定转速为"1500r/min"，进给率为"200mm/min"，Z 轴进给率为"100mm/min"，提刀速度为"0"（快速提刀），全部设定好之后点击【Save to library】保存，如图 10-32 所示。

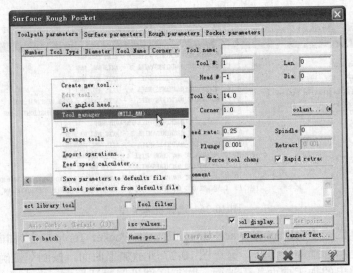

图 10-30　从刀具库中选择刀具

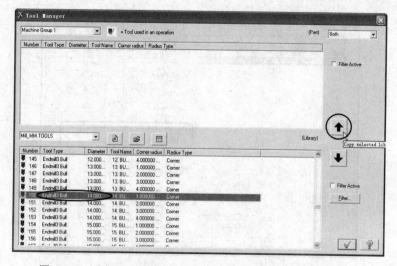

图 10-31　选择ϕ14mm、圆角半径 1mm 的圆鼻刀并添加至库中

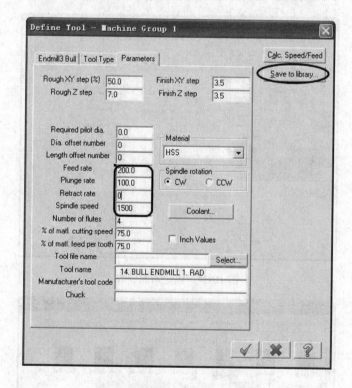

图 10-32　定义刀具参数并保存

⑤ 刀具参数设定完毕后，自动回到曲面挖槽粗加工参数设置界面，刀具路径参数选项卡 Toolpath parameters 中的参数会自动根据刀具参数设定好，如图 10-33 所示。

⑥ 在曲面参数选项卡 Surface parameters 中设定相关参数，如图 10-34 所示。

⑦ 在挖槽参数选项卡 Pocket parameters 中选择加工方式为平行螺旋下降加工【Parallel Spiral】，并设定相关参数，如图 10-35 所示。

⑧ 点击【确定】按钮，系统自动计算出刀具路径，淡蓝色表示加工路径，黄色表示快速抬刀，如图 10-36 所示。

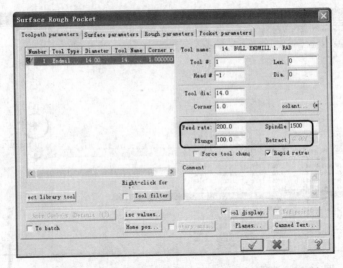

图 10-33 刀具路径参数根据设定的刀具参数自动生成

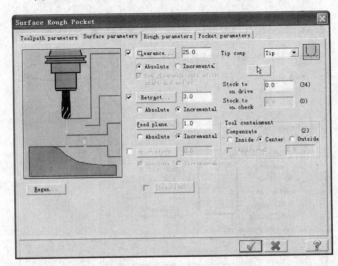

图 10-34 设定曲面参数

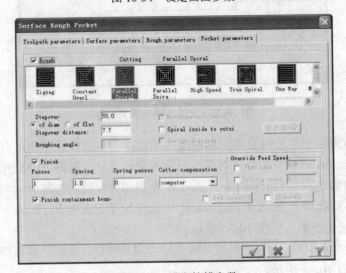

图 10-35 设定挖槽参数

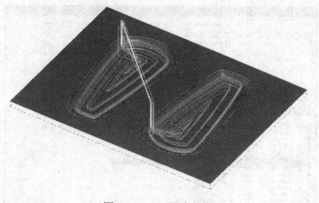

图 10-36　刀具路径图

10.2.4　规划凹模精加工刀具路径

① 加工遥控器上显示部分。选择菜单【Toolpaths/Pocket Toolpaths】（挖槽加工），并选择两条边界线 P1、P2，如图 10-37 所示。

② 创建平面挖槽刀具——2 号 φ8mm 平底刀，并设定刀具相关参数，过程如图 10-38～图 10-40 所示。

③ 刀具定义设定完毕后，设定平面挖槽加工参数。切削参数会根据刀具参数自动设定，设定挖槽加工退刀高度"50mm"、切削起始深度"–4mm"、最终深度"–8mm"；加工方式为依外形平行铣削（Parralel spiral）。过程如图 10-41~图 10-43 所示。

④ 全部参数定义完毕后，系统自动计算出刀具路径，如图 10-44 所示。

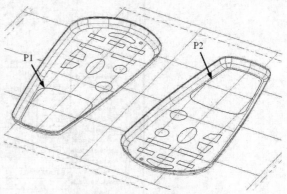

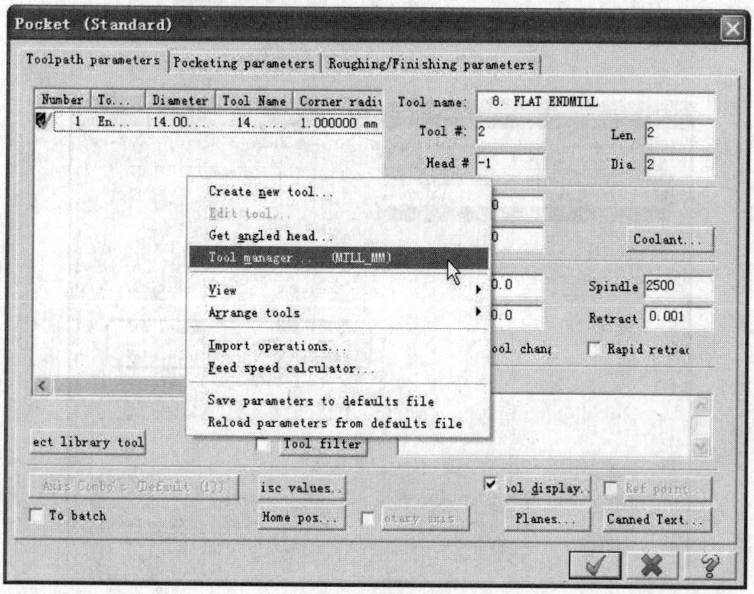

图 10-37　挖槽加工显示部分

图 10-38　创建新刀具

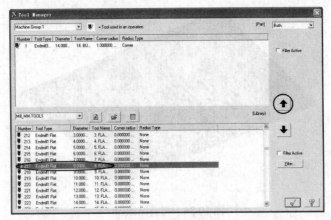

图 10-39 选择刀具

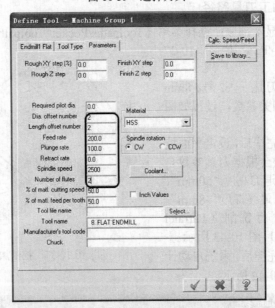

图 10-40 定义刀具参数并保存

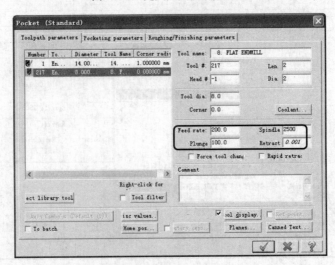

图 10-41 刀具路径参数根据设定的刀具参数自动生成

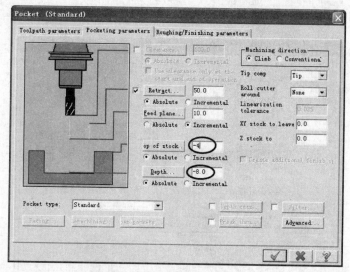

图 10-42　定义挖槽加工深度

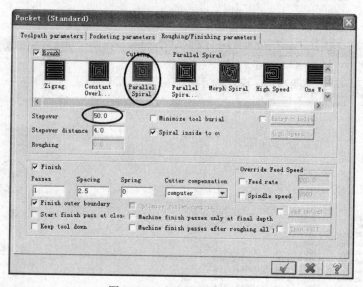

图 10-43　定义挖槽加工方式

10.2.5　凹模精加工

　　① 用等高加工的方法进行型腔曲面精加工。点击菜单【Toolpaths/Surface finish/contour】，或者在刀具路径窗口中空白处点鼠标右键，选择【Mill toolpaths/Surface finish/contour】，窗选两个型腔为加工曲面，并选择两条边界曲线，具体操作方法与粗加工的步骤③相同。

　　② 建立新刀具。在刀具路径参数窗口空白处点击鼠标右键，再点击【Tool Manager】，在刀具库中选择φ8mm 两刃球头铣刀，并添加至刀具库中，在定义刀具相关参数，如转速、进给率、刀具编号等。过程如图 10-45～

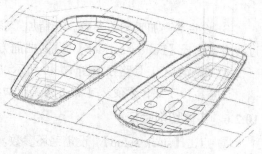

图 10-44　挖槽加工刀具路径

图 10-47 所示。

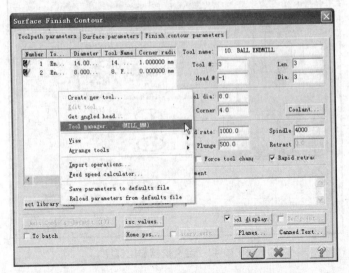

图 10-45 建立新刀具

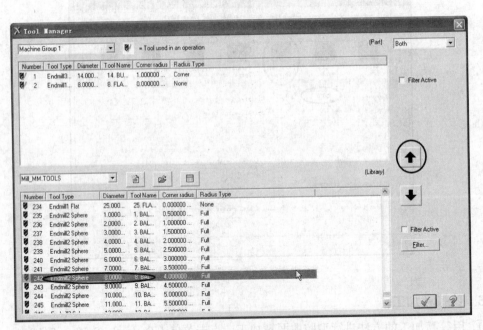

图 10-46 选择 φ8mm 两刃球头铣刀

③ 设定等高加工相关参数。在精加工参数选项卡中，设定最大切削深度为"0.5mm"，过渡方式选择【Follow surface】（跟随曲面方式），如图 10-48 所示。

④ 得精加工刀具路径如图 10-49 所示。

注意： 为了操作方便，可点击【显示切换】按钮 ≋ ，将刀具路径隐藏。

10.2.6 实体切削验证

① 点击【stock setup】，设定毛坯参数，在弹出的对话框中选择【Bounding box】，如图 10-50 和图 10-51 所示。

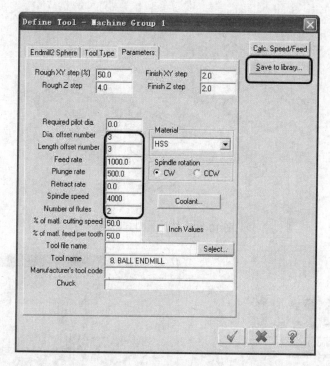

图 10-47　定义刀具参数

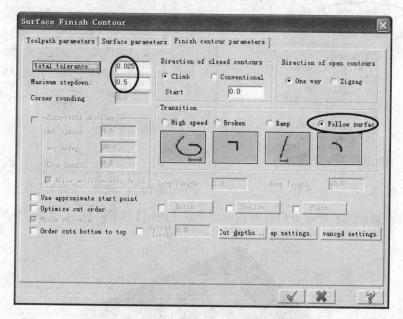

图 10-48　精加工参数设定

② 点击【选择所有加工操作】按钮 ✔，点击【实体切削验证】按钮 📄，经验证得结果如图 10-52 所示。

10.2.7　后处理生成数控程序

利用系统的后处理功能，生成加工所需要的 NC 代码。生成 NC 代码的过程如下。

① 在加工操作管理器中单击【选择所有加工操作】按钮 ✔，然后单击【后处理】按钮 G1。

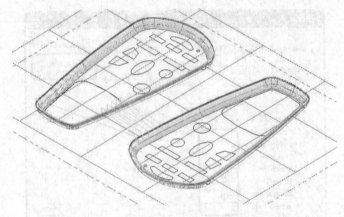

图 10-49 精加工刀具路径

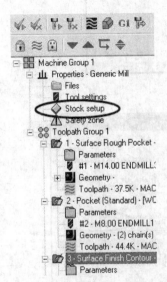

图 10-50 点击设定毛坯

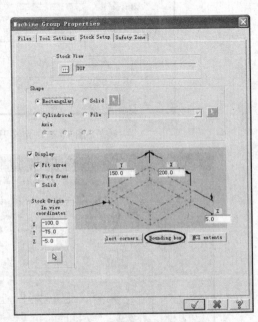

图 10-51 选择边界盒为毛坯

② 然后在弹出的后处理管理器对话框中单击【确定】按钮 ，如图 10-53 和图 10-54 所示。

图 10-52 实体切削验证

图 10-53   选择所有操作并执行后处理

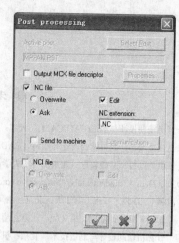

图 10-54   后处理对话框

③ 在 NC 文件管理对话框中，选择保存路径为 D:\遥控器上盖，并输入文件名为"凹模粗加工"，保存文件，如图 10-55 所示。

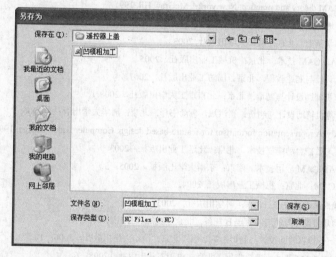

图 10-55   保存 NC 文件

④ 系统弹出如图 10-56 所示程序文件编辑器，用户可以对 NC 程序进行检查与编辑。

图 10-56   NC 文件编辑器

⑤ 关闭 NC 文件编辑器。

⑥ 保存文件。

参 考 文 献

[1] 李佳. 计算机辅助设计与制造(CAD/CAM). 天津：天津大学出版社，2003.

[2] 郑坚，朱继生主编. 计算机辅助设计与制造（CAD/CAM）. 北京：电子工业出版社，1997.

[3] 唐龙. 计算机辅助设计基础教程. 北京：清华大学出版社，2002.

[4] Foley J D, van Dam A. fundamentals of interactive computer graphics. Addison-Wesley Publishing Company, Inc., 1982.

[5] 童秉枢. 机械 CAD 技术基础. 第 2 版. 北京：清华大学出版社，2003.

[6] 孙家广. 计算机辅助设计基础. 第 2 版. 北京：清华大学出版社，2000.

[7] 王大康等. 计算机辅助设计与制造技术. 北京：机械工业出版社，2005.

[8] 刘静华，王永生. 最新 VC++绘图程序设计技巧与实例. 北京：科学出版社，2001.

[9] 余世浩. CAD/CAM 基础. 北京：国防工业出版社，2007.

[10] 蔡颖等. CAD/CAM 原理与应用. 北京：机械工业出版社，1998.

[11] Zeid, Ibrahim. CAD/CAM theory and practice. New york：McGraw Hil, 1991.

[12] [美]扎伊德(Zeid,I.). 通晓 CAD/CAM. 童秉枢改编. 北京：清华大学出版社，2007.

[13] 唐泽圣. 计算机图形学基础. 北京：清华大学出版社，2003.

[14] 宁汝新，赵汝嘉. CAD/CAM 技术. 北京：机械工业出版社，2005.

[15] 袁红兵. 计算机辅助设计与制造教程. 北京：国防工业出版社，2007.

[16] 唐承统，阎艳. 计算机辅助设计与制造. 北京：北京理工大学出版社，2008.

[17] Farid Amirouche. 计算机辅助设计与制造. 崔洪斌，郭彦书译. 北京：清华大学出版社，2006.

[18] C Kim and P J O'Grady. A representation formalism for feature-based design. Computer Aided Design, 1996, 28.

[19] 李凯等. CAD/CAM 与数控自动编程技术. 北京：化学工业出版社，2003.

[20] 缪德建，顾雪艳. CAD/CAM 应用技术. 南京：东南大学出版社，2005：5.

[21] 李名尧. 模具 CAD/CAM. 北京：机械工业出版社，2004.

[22] 朱心雄等. 自由曲线曲面造型技术. 北京：科学出版社，2003.

[23] 施法中. 计算机辅助几何设计与非均匀有理 B 样条. 北京：高等教育出版社，2001.

[24] [美]Farid Amirouche. 计算机辅助设计与制造. 第 2 版. 北京：清华大学出版社，2006：10.

[25] 江平宇，周光辉. CAD/CAM 基本原理与应用. 北京：电子工业出版社，2008：6.

[26] 殷国富，杨随先. 计算机辅助设计与制造技术. 武汉：华中科技大学出版社，2008：9.

[27] 刘德平，刘武发. 计算机辅助设计及制造. 北京：化学工业出版社，2006：12.

[28] 何满才. Pro/ENGINEER 模具设计与 MasterCAM 数控加工. 北京：人民邮电出版社，2005：6.

化工出版社图书推荐

书　名	定价/元
新编工模具钢 660 种	48
Pro/E 产品造型与模具设计实训指导	35
注塑成型工艺分析及模具设计指导	38
模具钳工操作技能	35
模具制造基础	20
模具识图与制图	22
模具加工与装配	30
冲压工艺及模具	30
塑料成型工艺与注塑模具	30
塑料模具设计与制造过程仿真	46
冲压模具设计与制造过程仿真	46
高速冲压及模具技术	35
液态模锻与挤压铸造技术	62
楔块模图册	32
模具识图实训教程	30
塑料模具设计与制造实训教程	29
冲压模具设计与制造实训教程	29
模具钳工实训教程	32
Virtual CNC 数控仿真实用教程（配盘）	35

以上图书由化学工业出版社 机械·电气出版分社出版。如需要以上图书的内容简介和详细目录，或者更多的专业图书信息，请登录 www.cip.com.cn。

地址：北京市东城区青年湖南街 13 号 （100011）

购书咨询：010-64518888 （传真：010-64519686）

编辑：010-64519283 （刘丽宏），editor2044@sina.com